Bas Haring

Sind wir so schlau, wie wir denken?

Bas Haring

Sind wir so schlau, wie wir denken?

Der Wettstreit zwischen künstlicher
und menschlicher Intelligenz

Aus dem Niederländischen
von Barbara Heller

List

Die Originalausgabe erschien 2003 unter dem Titel
De ijzeren wil. Over bewustzijn, het brein en denkende machines
bei Houtekiet, Antwerpen/Amsterdam.

List ist ein Verlag
der Ullstein Buchverlage GmbH

ISBN: 3-471-79493-X

Danke
Chantal, Maarten & Peter

Inhalt

Der Geist

Wollen, Denken und Fühlen

Glaubt man Science-Fiction-Filmen und -Büchern, werden irgendwann künstliche Wesen unsere Erde überschwemmen. Stählerne Monster mit Computern im Kopf, die es nicht allzu gut mit uns meinen. Zum Glück soll es bis dahin noch eine Weile dauern, und wir werden den Kampf zwischen Geschöpfen aus Fleisch und Blut und eisernen Maschinen nicht mehr erleben. Bei solchen Filmen geht es natürlich in erster Linie um spektakuläre Szenen und tolle Special effects – auf konkreten Erwartungen basieren sie nicht. Wir wissen nicht, wie die Welt in hundert Jahren aussehen wird, und wenn wir es zu wissen glauben, irren wir uns wahrscheinlich. Aber die Idee des Roboters, der selbstständig handeln und denken kann, kommt auch nicht ganz von ungefähr. In den vergangenen Jahrzehnten hat sich nämlich einiges getan, was Maschinen und speziell das Maschinengehirn betrifft, also den Computer.

War in den fünfziger Jahren des vorigen Jahrhunderts ein bisschen Computer, das ganz nett bruchrechnen konnte, noch so groß wie ein Haus, schlägt heute ein Computer von der Größe einer Zigarettenschachtel fast jeden menschlichen Spieler im ultimativen Denksport Schach. Und wenn man weitere fünfzig Jahre vorausdenkt, fragt man sich, was für ein Superhirn dann in eine Zigarettenschachtel passen wird. Dass solche Superhirne in der Zukunft für unliebsame Überraschungen sorgen werden, ist nicht auszuschließen. Doch wenn wir den Filmen auch hierin glauben wollen, werden wir letzten Endes auch diese Maschinen besiegen.

Es sind und bleiben schließlich Maschinen. Seelenlose Apparate, die Programme abspulen, denen aber, wenn es darauf ankommt, doch etwas fehlt. Computer sind ganz bemerkenswerte Maschinen, aber wir Menschen sind noch einen Tick bemerkenswerter. Finden wir. Wir können denken, wir tun Dinge, die einen Zweck verfolgen, wir haben einen Willen, wir können lieben, wir haben Emotionen. Außerdem sind wir uns unserer selbst bewusst. Ob eine Maschine zu alldem je imstande sein wird, ist fraglich. Und genau davon handelt dieses Buch.

Es geht in diesem Buch um die Frage, inwieweit Maschinen Geist haben können. »Geist« klingt vielleicht etwas hochtrabend – als würde dieser Geist am Freitag dem Dreizehnten erscheinen und Rache üben –, aber für mich ist das Wort ein Sammelbegriff für alle unsere geistigen Aktivitäten und Eigenschaften: Wille, Denken, Bewusstsein, Glaube, Hoffnung und Liebe. Kann oder hat eine Maschine das alles auch? In Sachen Geist halten wir uns für einzigartig. Kaninchen und andere Tiere haben so etwas nicht oder nur in geringerem Umfang, Computer werden es niemals haben. Aber ist diese Annahme berechtigt?

Dies ist kein Buch voller technischer Einzelheiten, und es ist auch kein Buch voller Verweise auf wissenschaftliche Abhandlungen. Mein Ansatz ist der, dass man in der genannten Frage schon ein ganzes Stück weiterkommt, wenn man die Augen offen hält und dem gesunden Menschenverstand folgt. Zweifellos lässt sich gegen alles, was ich schreibe, viel einwenden. Vielleicht ist im Detail sogar alles falsch. Aber mir geht es hier nicht um Richtigkeit im Detail, es geht mir um die Grundzüge von Ideen.

Wir beginnen mit etwas konkreteren Themen: wie das Gehirn funktioniert, was ein Computer in etwa ist und ob eine

Maschine intelligent sein kann. Danach wird es spannender, denn dann geht es um den Willen, um Emotionen und um die Frage, ob ein Apparat sich selbst kennen kann. Dazwischen kommen folgende Themen zur Sprache: Wie ist es möglich, dass unsere Gedanken in anderthalb Kilo Gehirnmasse entstehen? Versteht ein Textverarbeitungsgerät den Text, den es verarbeitet? Kann eine Schar dummer Ameisen intelligent sein? Kann ein Roboter Angst vor dem Tod haben? Was sind Emotionen, und warum haben wir sie? Und kann ein Computerprogramm klüger sein als sein Programmierer? Aber zunächst zum Gehirn. Denn dort wohnt unser Geist.

Das Gehirn

Drei Pfund denkendes Fleisch

Logisch, dass ein Buch über den Geist – ob künstlich oder nicht – dort beginnt, wo die geistigen Fähigkeiten des Menschen auf die eine oder andere Weise herzukommen scheinen: beim Gehirn. In welcher Beziehung unser Gehirn zu unserem Geist steht, ist nicht ganz klar. Aber eines ist sicher: Wenn man mir mein Gehirn amputiert, dann kann ich nicht mehr denken, weiß nicht mehr, wo vorn und hinten ist, und habe die Liebe vergessen. Ohne Gehirn kein Geist. Aber was für ein Ding ist das Gehirn, wie ist es aufgebaut, wie funktioniert es?

Dürfen's ein paar Gramm mehr sein?

Beginnen wir mit den Fakten: Unser Gehirn wiegt rund 1300 Gramm – fast drei Pfund. Das ist nicht gerade wenig. Es ist so ungefähr das größte Gehirn, das es gibt. Nur Riesenmonster wie Elefanten und Wale haben größere Gehirne.

Diese 1300 Gramm Fleisch sehen aus wie ein Blumenkohl und bestehen aus etwa zehn Milliarden Gehirnzellen oder Neuronen. Das macht nicht viel Gewicht pro Gehirnzelle. Gehirnzellen sind denn auch ziemlich einfach gestrickt. Wirklich intelligent kann man sie nicht nennen. Eine Gehirnzelle kann, grob gesagt, an oder aus sein. Wie eine Lampe. Ein Kopf voller Lampen – dass man damit denken kann …

Am einen Ende des Gehirns befinden sich Gehirnzellen, die anspringen, sobald ein Sinnesorgan stimuliert wird (»Ende« in Anführungsstrichen: Ein Blumenkohl hat ja kein richtiges Ende). Ein Geräusch erreicht das Ohr, ein Häutchen im Ohr fängt an zu vibrieren, das Häutchen ist mit etlichen Gehirnzellen verbunden, und diese Gehirnzellen springen an. So ähnlich funktionieren auch unsere anderen Sinne: Sehen, Riechen, Schmecken und Tasten.

Ganz am anderen Ende des Gehirns sitzen Gehirnzellen, die dafür sorgen, dass wir eine Aktion ausführen können: den Arm heben, die Augenbrauen zusammenziehen, auf einer Schreibmaschine einen Buchstaben tippen. So eine Gehirnzelle ist mit einem kleinen Muskel verbunden, oder einem Muskelende, und sobald die Gehirnzelle angeht, zieht sich der betreffende Muskel zusammen.

1300 Gramm Fleisch: dass man damit denken kann.

13

Zwischen den Gehirnzellen am einen Ende und denen am anderen Ende sitzen etwa zehn Milliarden weiterer Gehirnzellen. Darüber hinaus bestehen Verbindungen zwischen den Gehirnzellen untereinander, durch die sie sich an- und ausschalten können. Und das alles zusammen bildet das Gehirn.

> Das menschliche Gehirn besteht aus etwa zehn Milliarden Gehirnzellen und noch zehntausend Mal so vielen Verbindungen zwischen all den Zellen.

Das Telefon klingelt. Etliche Zellen in meinem Ohr schicken ein Signal an mein Gehirn, und dort springen diverse Gehirnzellen an. Diese Gehirnzellen sind mit anderen Gehirnzellen verbunden, die wieder mit anderen Gehirnzellen verbunden sind und so weiter. Die Gehirnzellen schalten einander an und aus – ein Sturm von an- und ausgehenden Gehirnzellen tobt durch meinen Kopf. Wie eine Stadionwelle. Übermäßig schnell ist er nicht, dieser Sturm, aber immerhin so schnell, dass innerhalb von Zehntelsekunden verschiedene Gehirnzellen am anderen Ende meines Gehirns anspringen. Als Folge davon spannen sich eine Reihe von Muskeln in meinen Armen und Händen. Mein Arm streckt sich, und meine Hand hebt den Hörer ab. Andere Muskeln im Mund, in Zunge und Lunge spannen und entspannen sich ebenfalls, und ich sage: »Hier Bas Haring«.

So ungefähr läuft das, wenn ich den Hörer abnehme. Tausende und Abertausende von Gehirnzellen sind daran beteiligt. Gehirnzellen, von denen jede ihre eigene spezialisierte Miniaufgabe hat. Es gibt Gehirnzellen, die anspringen, wenn ein Klingeln ertönt; es gibt Gehirnzellen, die anspringen, wenn das Geräusch von links kommt, und solche, die angehen, wenn es von rechts kommt; und es gibt Gehirnzellen, die dafür sorgen, dass ich den Arm ausstrecke.

14

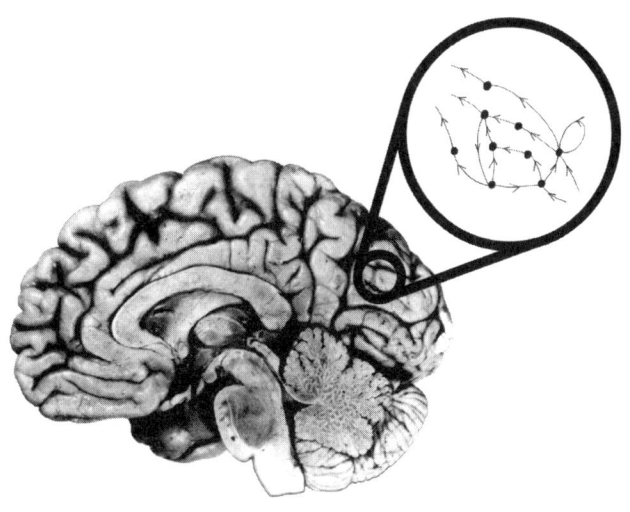

Das menschliche Gehirn besteht aus etwa zehn
Milliarden miteinander verbundenen Gehirnzellen,
die einander fortwährend an- und ausschalten.

Davon wissen diese Gehirnzellen aber nichts. Das Einzige,
was sie tun, ist an- und ausgehen und andere Gehirnzellen
dazu anregen oder aber daran hindern, ebenfalls an- und auszugehen.

Gehirnzellen, die in etwa das Gleiche tun, liegen alle
hübsch ordentlich beieinander. Gehirnzellen, die bei einem
Klingeln anspringen, liegen bei Gehirnzellen, die bei einem
Quietschen anspringen, und die Gehirnzellen, die angehen,
wenn ich mit dem Zeigefinger auf eine Taste drücke, liegen
bei den Gehirnzellen, die angehen, wenn ich mit dem
Mittelfinger tippe. Es gibt also im Gehirn Regionen von Gehirnzellen, die auf bestimmte Aufgaben spezialisiert sind. Regionen beispielsweise, die mit dem Hören zu tun haben, Regionen, die mit dem Bewegen der Finger zu tun haben, und
Regionen, die mit dem Erinnern zu tun haben.

Auf der einen Seite des Gehirns sitzen spezialisierte Gehirnzellen, die durch ein Ereignis in der Außenwelt anspringen: wenn es klingelt, wenn ein Tiger auftaucht oder wenn der Duft von frisch gebackenem Kuchen heranweht. Auf der anderen Seite des Gehirns sitzen spezialisierte Gehirnzellen, die dafür sorgen, dass wir in eben dieser Außenwelt aktiv werden können: den Telefonhörer abheben, wegrennen oder heimlich von dem Kuchen naschen.

Zwischen diesen äußeren Gehirnzellen aber liegen die anderen zehn Milliarden Gehirnzellen – und wofür sorgen die?

Die sorgen für eine mehr oder weniger sinnvolle Beziehung zwischen den Ereignissen in der Außenwelt und unserem Handeln: dafür also, dass wir nicht den Kuchen »abheben«, vor dem Telefon wegrennen oder heimlich von dem Tiger naschen. Und das ist keine Kleinigkeit. Dazu brauchen wir sage und schreibe zehn Milliarden Gehirnzellen. Wir müssen wissen, dass Kuchenduft kein Tigergeruch ist, wir müssen im Kopf haben, dass wir eigentlich nicht jetzt schon von dem Kuchen kosten sollten, und wir müssen am Telefon den richtigen Namen sagen. Auch die anderen geistigen Aktivitäten spielen sich irgendwo in diesen zehn Milliarden Gehirnzellen ab: das Denken, das Fühlen, das Lieben und so weiter.

Die Schweiz

Das menschliche Gehirn besteht aus mehr Gehirnzellen, als es Menschen gibt. Man könnte es mit einer Versammlung aller Menschen auf der Erde vergleichen, bei der jeder Einzelne durch Schnüre mit etwa hundert anderen Menschen verbunden ist. Mit diesen Schnüren kann er an anderen Menschen ziehen, und andere können an ihm ziehen. Von nah und von fern.

Die Hälfte der Schnüre hat der Einzelne fest in der einen Hand; das sind die Schnüre, mit denen andere an ihm ziehen und mit denen sie ihn »an- und abschalten« können. Die andere Hälfte hat er fest in der anderen Hand, und mit ihnen kann er selbst an anderen ziehen. Es gibt grüne und rote Schnüre. Wenn eine grüne Schnur an ihm zieht, geht er an und zieht an dem Schnurbündel in seiner anderen Hand. Wenn eine rote Schnur an ihm zieht, geht er aus und tut nichts. Und wenn mehrere Schnüre gleichzeitig an ihm ziehen, entscheidet die Mehrheit.

Was für ein Gezerre! Sobald irgendwo jemand anfängt zu ziehen, wächst sich das zu einem einzigen großen Tauziehen aus. Aber eins ist sicher: Wir haben es mit einer hochkomplizierten, unkontrollierten Versammlung zu tun. Ob das je aufhört?

Das Gehirn besteht aus mehreren Regionen, von denen jede für etwas Bestimmtes zuständig ist. Wenn wir im Bild einer Welt bleiben, in der alle Menschen Schnüre in den Händen halten, könnten wir so eine Gehirnregion mit – sagen wir mal – der Schweiz vergleichen. Die meisten Schnüre in der Schweiz verbinden Schweizer untereinander. So funktioniert das Gehirn. Es gibt viel mehr kurze Verbindungen als lange zu einer anderen Stelle des Gehirns. Nur an den Grenzen der Schweiz reichen etwas längere Schnüre weiter ins Gehirn hinein.

Die Schweizer stehen da und schauen so vor sich hin. Jeder mit einem Schnurbündel in jeder Hand. Es tut sich nicht viel. Kein Gezerre. Doch dann kommen im Süden an der Grenze zu Italien Signale herein. Und einen Sekundenbruchteil später auch an der Grenze zu Frankreich. Die Schweizer beginnen heftig an ihren Schnüren zu ziehen: Ein Sturm des Schnürchenziehens fegt durch die Schweiz. Doch so plötzlich, wie sich der Sturm erhoben hat, legt er sich wieder. Ein paar Schweizer an den Grenzen zu Deutschland und Österreich ziehen noch ein bisschen an ihren Schnüren, mehr passiert nicht mehr. Und als auch sie aufhören, kehrt in der Schweiz wieder Ruhe ein.

Die Schweizer haben keinen Schimmer, wofür dieses Tauziehen gut ist, sie tun es einfach. Ein Wissenschaftler aber, ein außerirdischer, der keine Schnüre in den Händen hält, der kann sich da schon einen Reim drauf machen. Ein intelligenter Hirnforscher vom Mars untersucht das »Erdgehirn« und kommt zu dem Ergebnis, dass die Schweiz für das Erkennen von Gefahr zuständig ist. Die Schweizer selbst wissen das nicht. Wie auch? Sie tun ja nichts anderes als ein bisschen an Schnüren ziehen.

Von Italien aus – Italien ist für die Verarbeitung einer bestimmten Sorte Bilder zuständig – wurde über die Schnüre signalisiert, dass ein ziemlich großes orange-schwarz gestreiftes Ding aufgetaucht ist, das schnell näher kam. Und Frankreich teilte mit, dass man ein ungewöhnliches Gebrüll höre und es außerdem nach Katzenurin stinke.

Da brauchten die Schweizer nicht lange zu überlegen. Hier und dort ein paar Schnüre ziehen. Check, check, doublecheck: jawohl, Gefahr im Verzug. Schnell Deutschland informieren, wo körperliche Aktivitäten wie das Rennen geregelt werden. Und Österreich: für das Schreien.

Die Schweizer wissen nicht, dass sie alle zusammen das »Gefahrmodul« des Gehirns bilden. Die Italiener wissen nicht, dass sie Tiger erkennen können, und die Franzosen wissen nicht, dass sie Katzenurin riechen können. Sie ziehen lediglich an Schnüren. Sie tun es einfach. Und doch sorgt all das Schnüreziehen dafür, dass wir gerade noch rechtzeitig schreiend das Weite suchen, wenn ein Tiger auftaucht.

> Es gibt keine Gehirnzelle, die weiß, was sie tut. Gehirnzellen wissen nichts, sie tun nur etwas.

Wer sein Leben als Geranie auf der Fensterbank
zubringt, braucht kein Gehirn.

Das klingt alles ziemlich mechanisch. Als wäre das Gehirn
eine Ansammlung von Marionetten, die wie eine komplizierte Maschine dafür sorgen, dass wir Tiger und dergleichen
erkennen können und uns nicht in Gefahr begeben. Aber
wie ist es, wenn wir ein Buch tippen? Oder lesen? Wenn wir
uns verlieben und die Welt verbessern wollen? Unsere Gedanken und geistigen Fähigkeiten müssten doch mehr sein als
nur ein Fädenziehen an den Marionetten in unserem Kopf,
sollte man meinen.

Dass bei Tieren alles so mechanisch funktioniert, kann man sich ja noch vorstellen. Wenn ein Kaninchen etwas längliches Oranges sieht, läuft es mehr oder weniger automatisch darauf zu und fängt an zu knabbern. Ein Kaninchen begreift wahrscheinlich gar nicht, dass eine Möhre eine Möhre ist. Vielleicht knabbert es nur deshalb daran, weil die Marionetten in seinem Kopf es ihm diktieren. Kann durchaus sein – aber bei uns scheint das doch anders zu funktionieren. Ein Glück übrigens, dass nur Tiere ein Gehirn haben. Man stelle sich vor, Pflanzen hätten auch eines. Eine Katastrophe wäre das für sie. Sie könnten nichts damit anfangen. Eine Pflanze kann ja nicht laufen und nichts. Sie kann nur wachsen. Die einzige Entscheidung, die eine Pflanze treffen kann, ist die, ob sie dieses Jahr blüht oder nicht. Man stelle sich vor, ein Salatkopf könnte den Bauern herankommen sehen. Frustrierend wäre das – der arme Kerl kann ja nicht weg.

Von einem Gehirn hat man nur dann etwas, wenn man auch aktiv werden kann. Ein Kaninchen muss ständig Entscheidungen treffen: fressen oder rennen? Nach links oder nach rechts? Da ein Loch graben oder dort? Und deshalb hat es ein Gehirn. Ohne Gehirn könnte es nicht überleben.

Es gibt eine Quallenart, die sich, wenn sie einen angenehmen Platz gefunden hat, in eine Art Pflanze verwandelt. Sie bewegt sich dann nicht mehr von der Stelle und verbringt dort geruhsam den Rest ihres Lebens. Als Qualle braucht sie ein Gehirn, sonst hätte sie den angenehmen Platz nicht finden können. Sobald sie aber zur Pflanze geworden ist, schmilzt ihr Gehirn dahin wie Schnee an der Sonne: Es wird von ihrem eigenen Körper verdaut. Das Vieh frisst sein eigenes Gehirn auf! Und wer wollte es ihm verdenken: Es kann nichts mehr damit anfangen, wenn es seine Tage als Geranie beschließt.

Der Ameisenhaufen

Das Gehirn besteht aus verschiedenen Regionen, von denen jede für etwas Bestimmtes zuständig ist: für das Hören, das Essen, das Fußballspielen und so weiter. Und die einzelnen Gehirnzellen in diesen Regionen haben auch wieder spezielle Aufgaben. Aber besonders streng ist diese Arbeitsteilung nicht. Gehirnzellen, die beim Hören eines hohen C angehen, können auch mal beim Hören eines hohen B angehen. Und einige Gehirnzellen, die beim Aussprechen des Wortes »Bahn« angehen, werden vermutlich auch beim Aussprechen der Wörter »Zahn« und »Kran« angehen. Unser Gehirn ist keine perfekt organisierte Fabrik.

Eine Fabrik hat eine Direktion und Manager, die das Geschehen überblicken und alle Fäden in der Hand halten. Das Gehirn aber hat keine Direktion. Nirgendwo im Gehirn gibt es eine Region, die der Boss ist und über den Rest bestimmt. Insofern gleicht das Gehirn eher einem Ameisenhaufen als einer Fabrik.

Ein Ameisenhaufen ist ein gut organisierter Staat. Mit Vorratskammern, Kinderzimmern und einer Armee. Aber ohne Direktion oder sonst eine zentrale Führung. Keine einzige Ameise hat den Überblick über das Ganze oder begreift auch nur, was da überhaupt vor sich geht. Und trotzdem bauen die Ameisen einen tadellos organisierten Ameisenhaufen, sie verteidigen ihren Staat, und sie sind imstande, Nahrung zu finden und in ihren Haufen zu schleppen.

Wirft man ein Apfelstückchen in der Nähe eines Ameisenhaufens auf den Boden, braucht man nur einen Moment zu warten, und schon rücken Scharen von Ameisen aus. Zu dem Apfel hin. Ehe man sich's versieht, ist das Apfelstück schwarz von Ameisen, die es zu ihrem Haufen schleppen wollen.

Sie tun das aber auf unglaublich dumme Art und Weise. Eine Ameise schleppt das Stück in die eine Richtung, die

Wenn wir scharf nachdenken, schneiden wir die
komischsten Grimassen. Das bringt natürlich nichts,
aber wir tun es trotzdem.

andere bringt es wieder dahin zurück, wo es herkommt. Wie kopflose Hühner rennen sie hintereinander her. Stoppen plötzlich. Machen kehrt und krabbeln in die andere Richtung. Ein Apfelstück, das einen Meter vom Ameisenhaufen entfernt gelegen hat, kann zehn Meter weiter weg liegen, ehe es den Ameisenhaufen endlich erreicht. Aber es kommt hin!

Ameisen sind einfache Wesen, die ein einfaches, vorprogrammiertes Verhalten an den Tag legen. Sie rennen ein bisschen hintereinander her, oder sie rennen genau in die entgegengesetzte Richtung. Und doch bewirkt ihr Verhalten als Ganzes, dass der Apfel schließlich im Ameisenhaufen landet. Eine große desorganisierte Schar aufs Geratewohl durcheinander wimmelnder Ameisen zeigt in ihrer Gesamtheit dennoch intelligentes Verhalten. Oder zumindest geschicktes Verhalten.

Gehirnzellen krabbeln wie Ameisen ebenfalls ein bisschen hintereinander her: Sie springen an, wenn andere anspringen, oder sie gehen aus. Und darin gleicht ein Gehirn einem Ameisenhaufen. Es ist eine sich selbst organisierende Masse dummer Gehirnzellen, die in ihrer Gesamtheit imstande sind zu … denken beispielsweise.

Das menschliche Gehirn gleicht eher einem Haufen von zehn Milliarden kopflosen Hühnern als einem straff organisierten Ganzen wie einer Armee oder einer Fabrik. Und es ist ein unwahrscheinlich komplizierter Haufen. Zehn Milliarden kopflose Hühner.

Wenn ich nachdenke, mache ich höchst seltsame Bewegungen: Ich runzle die Stirn, ich wackle mit den Beinen, ich greife mir mit beiden Händen an den Kopf. Das bringt natürlich gar nichts. Besser denken kann ich davon bestimmt

23

nicht. Trotzdem tue ich es. Komische, krampfhafte Bewegungen, die ich nie machen würde, wenn mein Gehirn eine straff organisierte Fabrik wäre.

Wenn die Eigentümer einer Fabrik die gesamte Geschäftsführung entlassen, dann hat die Fabrik ein Problem. Es ist niemand mehr da, der den Überblick hat und Entscheidungen treffen kann. Die Arbeiter wissen nicht mehr, was sie tun sollen, und wenn nicht schnell etwas passiert, wird es mit der Fabrik ein böses Ende nehmen.

Aber ein Ameisenhaufen funktioniert anders. Sticht man mit einem Spaten ganze Teile davon ab, verkraftet der Ameisenhaufen das. Die Ameisen machen sich alle zusammen an die Arbeit und reparieren ihn wieder, so gut es geht. Nirgends im Ameisenhaufen sitzt ein exklusiver Ameisenclub, ohne den der Haufen verloren wäre. Etwas anderes wäre es natürlich, wenn man alle Soldaten oder alle Arbeiter wegholen würde. Oder den ganzen Haufen umgraben. Dann wäre der Ameisenhaufen mit seinem Latein am Ende.

Genauso verkraftet es auch das Gehirn, wenn man großen Mengen von Gehirnzellen den Garaus macht. Nirgendwo im Gehirn sitzt eine exklusive Supergehirnzelle, die nicht verloren gehen darf. Probleme bekommt man allerdings, wenn eine ganze Region entfernt wird. Dann kann man plötzlich nicht mehr sprechen oder lesen. Werden dagegen nur ein paar Prozent der Gehirnzellen entfernt – gleichmäßig über das ganze Gehirn verteilt –, merkt man kaum etwas davon. Man weiß vielleicht nicht mehr, wie alter Käse riecht, wo man vor drei Jahren Urlaub gemacht hat oder dass ein Elfmeter ein Elfmeter ist. Aber das ist auch schon alles; sterben wird man davon nicht.

Vielleicht kommt daher die Vorstellung, dass wir so wenige von unseren Gehirnzellen benutzen. Ob das aber wirklich der Fall ist, bleibt noch die Frage. Vielleicht benutzen wir sehr wohl das ganze Gehirn und können nur nicht immer sagen, wofür.

Ein künstliches Gehirn

Im Vorgriff auf die Unterschiede und Übereinstimmungen zwischen Mensch und Maschine kann man sich fragen, ob das Gehirn durch ein künstliches Gehirn ersetzt werden kann, so wie Nieren durch künstliche Nieren und Haare durch eine Perücke ersetzt werden können. Die Nieren filtern allerhand ungesundes Zeug aus dem Blut, und eine klug ausgedachte Maschine kann das auch. Und kaum jemand bemerkt den Unterschied zwischen einer Perücke aus Kunstfasern und einem echten Haarschopf. Ich kann mir auch vorstellen, wie künstliche Herzen, Lebern und Mägen die Funktionen der echten Organe übernehmen. Aber ein Kunsthirn? Werden je künstliche Gehirne die echten ersetzen können?

Ich weiß es nicht. Ich weiß nur, dass es im Moment nicht möglich ist, dass es vermutlich auch in den kommenden Jahrzehnten nicht möglich sein wird, und wenn doch, dass es dann fürchterlich kompliziert ist. Wenn ich mit meinem künstlichen Gehirn auch nur halbwegs zufrieden sein soll, muss ich nach der Operation zumindest noch wissen, wie ich heiße, wie meine Freundin aussieht und wo in meinem Auto das Gaspedal ist. Damit das klappt, muss mein künstliches Gehirn so ziemlich jede Gehirnzelle und jede Verbindung in meinem Kopf kopieren. Und das ist keine Kleinigkeit.

Das *Woordenboek der Nederlandse Taal* ist das größte Wörterbuch der Welt. Jedes niederländische Wort, das jemals gedruckt wurde, steht darin. Das Werk hat über vierzig Bände mit jeweils mehr als tausend Seiten, es besteht aus vielen Millionen Wörtern und vielleicht mehreren hundert Millionen Buchstaben. Um das Monster – das es bis vor kurzem nur auf Papier gab – zu digitalisieren, hat man es vor einiger Zeit nach Indien geschickt, wo ein Saal voller emsiger Damen sich dumm und dämlich getippt hat. Sie verstanden rein gar nichts von all dem Niederländisch, aber das war wohl auch der Zweck der Übung: Dann passieren weniger Tippfehler. Die ganze Aktion soll Monate gedauert haben. Ein Saal voller tippender Damen, monatelang. So kompliziert ist das Abtippen des *Woordenboek der Nederlandse Taal.* Und wenn man bedenkt, dass es im Gehirn mehrere tausend Mal so viele Verbindungen gibt wie Buchstaben in diesem Wörterbuch, dann kann man sich vorstellen, wie mühsam es wäre, all die Verbindungen auch nur grafisch darzustellen. Geschweige denn, sie auch noch in einem künstlichen Gehirn zu reproduzieren. Das wird wohl noch nicht so schnell geschehen.

Bei einem schlauen Gehirnchirurgen würde so ein künstliches Gehirn übrigens zwar das Selbstbewusstsein schmälern, ihn aber dafür schneller zufrieden stellen. Die Wahrscheinlichkeit, dass ein unzufriedener Patient einen Prozess gegen ihn anstrengt, wäre geringer.

Maschinen

Handmixer und Rechenkünstler

Wenn wir Gehirne mit Maschinen vergleichen wollen, und umgekehrt – speziell im Hinblick auf ihren Geist –, dann versteht es sich von selbst, dass wir mit Maschinen keine Bagger, Handmixer und Dampflokomotiven meinen. Über deren Geist gibt es nämlich nicht viel zu sagen. Dass ein Bagger Hunger hat, wenn er einen Happen Sand nimmt, wird keiner so schnell behaupten, und ob eine Lokomotive von A nach B *will*, ist auch die Frage. Roboter und Computer – das sind die Maschinen, von denen hier die Rede sein soll. Unter einem Roboter können sich zwar die meisten etwas vorstellen, und jeder sitzt ab und zu an einem Computer, aber es kann nicht schaden, wenn wir uns diese Apparate einmal näher ansehen. Speziell den Computer: Sollte ein Roboter Geist haben, sitzt dieser Geist wahrscheinlich auch wieder in einem Computer. Aber was ist das für ein Apparat, so ein Computer?

Ein Computer ist ein komplizierterer Apparat als ein Bagger. Ein Bagger kann von sich aus überhaupt nichts – leider. Schöner wäre es, wenn man ihn auffordern könnte: »He, heb mal einen Graben aus, von da nach da. Nicht zu tief, aber tief genug für das Abwasserrohr hier. Viel Erfolg, und bis morgen dann!« Aber das geht nicht. Jede Bewegung, die so ein Bagger ausführt, muss man ihm vorgeben. Bagger können wie fast alle anderen Maschinen und Geräte – Waschmaschinen, elektrische Zahnbürsten, Autos – von sich aus überhaupt nichts. Man muss ihnen alles vorkauen.

Einen Tick schlauer ist da eine Drehorgel. Oder ihre moderne Variante, der CD-Player. Da kann man sagen: »Spiel mir mal was Schönes«, und schon geht's los. Man schiebt ein langes Stück Pappe mit Löchern darin in die Orgel, man dreht die Kurbel, und die Maschine macht Musik. Was für eine Musik, das ist durch all die Löcher festgelegt. Wenn so ein Loch an einer der Orgelpfeifen vorbeigleitet, kann Luft durch die Pfeife strömen, und man hört einen Klang – so ungefähr. Doch darüber braucht man sich – als Leierkastenmann – zum Glück keine Gedanken zu machen. Wirklich intelligent ist so eine Drehorgel natürlich nicht. Sie spult nur eine vorgegebene Tonfolge ab. Praktisch ist sie aber schon.

Man könnte sich auch eine Drehorgel vorstellen, die nicht nur Musik von der gelochten Pappe abspielen, sondern auch Löcher in einen neuen Pappstreifen bohren kann. Dann schiebt man zwei Papprollen hinein: eine mit Löchern und eine ohne. Auf der Rolle mit den Löchern befinden sich die Anweisungen für den Apparat: dreimal ein hohes C pfeifen, zweimal die Trommel schlagen und außerdem ein Loch in die leere Rolle bohren, und so weiter. Das ergibt dann eine neue Rolle mit Löchern, die man natürlich auch wieder in die Orgel schieben kann. Ich bin neugierig, was für eine Musik dabei herauskommt, und ich bin auch neugierig, was für eine Art Orgel das ist. Aber eigentlich weiß ich es schon: So eine Drehorgel nennen wir einen Computer. Einen langsamen allerdings.

Eine Drehorgel, die nicht nur Papprollen abspielen, sondern auch neue Papprollen »drucken« kann, ist im Grunde schon ein Computer. Ein Computer ist nämlich ein einfacher Apparat, der im Prinzip nur zweierlei braucht: einen Speicher – etwas, worin Zahlen oder Buchstaben festgehalten werden können – und ein Rechenwerk, das einige sehr einfache Aufgaben ausführen kann: Zahlen aus dem Speicher abrufen, zusammenzählen und wieder in den Speicher zurückschreiben.

Papier mit Löchern darin eignet sich bestens dafür, Zahlen und Wörter zu speichern (es gibt da verschiedene Möglichkeiten, aber die einfachste und dümmste, um beispielsweise die Zahl 23 zu speichern, besteht in einem einzigen Stück Pappe mit 23 Löchern darin). Die Drehorgel kann Zahlen festhalten, indem sie Löcher bohrt, und vielleicht kann sie nicht nur Musik produzieren, sondern auch einfache Berechnungen anstellen. Optimal ist das natürlich nicht. Aber ein Computer muss tatsächlich nicht unbedingt aus elektronischen Komponenten bestehen. In den 1950er Jahren hat man sich sogar eine Zeit lang überlegt, was man am besten zu einem solchen Apparat umfunktionieren könnte. Man hat Computer aus Lampen gebaut, mit rotierenden Scheiben und kleinen Stiften, und es scheint sogar einen Computer aus Holz gegeben zu haben.

Ein Speicher und ein Rechenwerk (oder Prozessor) also. Das ist ein Computer. Man steckt ein Programm in den Speicher des Computers, so wie man eine Rolle Lochpappe in eine Drehorgel schiebt, und das Ding rattert los. Ein Computerprogramm ist nichts anderes als eine Reihe von Anweisungen für das Rechenwerk: *Nimm den Inhalt von Speicherort 28, addiere ihn mit dem Inhalt von Speicherort 54 und lege das Ergebnis auf Speicherort 37 ab. Geh dann zu Speicherort 76 und führe die Anweisungen aus, die dort stehen.* Das ist alles, was ein Computer macht. Textverarbeitung, Musik, Spiele – der Computer holt dazu im Grunde nur Zahlen aus dem Speicher, addiert und subtrahiert ein bisschen und schreibt das Ergebnis dann in den Speicher zurück.

Zum Glück muss man dem Computer heute in puncto Zahlen und Speicher und so weiter nicht mehr so furchtbar genaue Anweisungen geben, sondern man kann ihm allgemeinere Befehle erteilen, also zum Beispiel »Spiel jetzt mal den und den Ton« oder »Lass die Figur von links nach rechts über den Bildschirm laufen«. Das ist schon praktischer. Außerdem ist der Apparat sehr gehorsam und geduldig. Man kann ihn ein Jahr lang Schäfchen zählen lassen, und er wird sich trotzdem weder zu Tode langweilen noch einschlafen.

Alle Computer bestehen aus zwei Teilen: einem Prozessor und einem Speicher. (Es gibt auch Computer mit zwei oder mehr Prozessoren, aber bei sechzehn ist dann Schluss.) Computer können auch alle genau dasselbe. Im Prinzip kann man jedes Programm auf jedem Computer laufen lassen und jedes Spiel mit jedem Computer spielen. Nur sind diese Spiele nicht immer für jedes System lieferbar.

Einen Computer, der mehr kann als andere Computer, gibt es nicht. Alle Computer können gleich viel. Sie können es nur nicht alle gleich schnell. Auf einem alten Computer aus den 1980er Jahren kann man tatsächlich das allerneueste Kampfspiel laufen lassen. Im Prinzip. Man muss das Spiel nur noch für dieses Gerät umprogrammieren. Und wenn man das geschafft hat, stellt man fest, dass das Spiel unglaublich langsam geworden ist. Man wird ein paar Jahre warten müssen, bis sich der Feind von links nach rechts über den Bildschirm bewegt hat. Aber möglich ist es!

Umgekehrt geht es auch: Man kann ein Spiel aus den 1980er Jahren auf einem rasend schnellen Rechnermonster laufen lassen. Hab ich mal probiert. Irgendwo fand ich eine alte Diskette mit einem schönen Spiel. Ich schob sie in meinen Computer, klickte auf Start und – nichts geschah. Noch ein paar Versuche – wieder nichts. Erst bei genauerem Hinsehen merkte ich, dass der Bildschirm ganz kurz aufblitzte. So kurz, dass man es kaum sah. Später stellte sich heraus, dass ich während dieses einen Aufblitzens schon von sämtlichen Monstern verschlungen worden war, ehe ich überhaupt irgendetwas tun konnte. Wahrscheinlich erschien sogar die Meldung »Game over« auf dem Bildschirm, und das war's auch schon.

Kaum zu glauben, aber wahr: Alle Computer können im Prinzip dasselbe, nur nicht gleich schnell.

Jeder Computer besteht im Wesentlichen aus
zwei Teilen: einem Rechenwerk und einem Speicher.

Alles in einem Computer spielt sich im Prozessor ab. Der
Speicher ist ein dummes Ding, das nur gebraucht wird, um
Zahlen und Wörter festzuhalten. Somit ist ein Computer
völlig anders beschaffen als ein Gehirn. Eigentlich ist er fast
das Gegenteil davon.

Ein Computer hat ein einziges Rechenwerk, in dem sich
alles abspielt. Und was sich da abspielt, ist sehr straff organi-

siert und läuft genau nach Anweisung ab. Unwahrscheinlich schnell ist dieses Rechenwerk auch noch: Tausende von Malen pro Sekunde kann es Zahlen zusammenzählen, voneinander abziehen, aus dem Speicher abrufen, in den Speicher schreiben und so weiter. Wenn man das mal mit dem Gehirn vergleicht, das aus einer Ansammlung träger, durcheinander kakelnder Gehirnzellen besteht! Zu unserem Glück hat das Gehirn mehrere Milliarden davon.

> Ein Computer ist vom Aufbau her geradezu das Gegenteil von einem Gehirn: ein rasend schnelles, straff geführtes Rechenwerk, im Gegensatz zu einigen Milliarden träger, durcheinander kakelnder Gehirnzellen.

Trotzdem ist und bleibt ein Computer im Grunde natürlich ein Einfaltspinsel. Er führt gedankenlos eine vorgegebene Reihe von Anweisungen aus und ist insofern genauso dumm wie eine Drehorgel. Aber immerhin eine schnelle Drehorgel (wenn es nach dem Computer ginge, würde er eine CD von einer Stunde Spieldauer in wenigen Sekunden abspielen, nur machen da meine Ohren nicht mit). Außerdem kann mein Computer Text verarbeiten, und im Schach gewinnt er jedes Mal gegen mich. So ganz auf den Kopf gefallen ist er also auch wieder nicht.

Künstliche Intelligenz

Kann eine Maschine klug sein?

Das vorige Kapitel endet mit der Feststellung, dass Computer dumme Apparate sind, die nicht mehr können als gedankenlos eine vorgegebene Reihe von Anweisungen ausführen. Aber ist das wirklich so? Ist der Computer wirklich so dumm? Ist er in Wirklichkeit nicht unheimlich intelligent?

Menschen sind intelligent, das ist klar. Mehr noch: Wir sind das intelligenteste Tier, das es gibt. Schon mal ein Kaninchen ein Buch lesen sehen? Aber Computer sind auch nicht auf den Kopf gefallen, obwohl es nur zusammengelötete mechanische Apparate sind. Auf meiner persönlichen fiktiven IQ-Skala ist ein Kaninchen intelligenter als eine Meeresschnecke und ein Computer intelligenter als ein Kaninchen. Nur … was genau ist Intelligenz? Und wie intelligent ist ein Computer?

Logisch folgern

Es gibt zahllose Definitionen dessen, was Intelligenz ist, aber eines steht fest: Je komplizierter die Aufgaben sind, die man lösen kann, desto intelligenter ist man. Deshalb steckt ein Intelligenztest auch voller komplizierter Aufgaben: logische Puzzles und andere Rätsel, die man lösen kann, wenn man gut logisch folgern kann. Intelligenz und logisches Folgern gehören offenbar zusammen. Einen Affen finden wir intelligent, wenn er zu dem Schluss kommt, dass er eine Kiste unter ein an der Decke hängendes Bündel Bananen schieben und dann daraufsteigen muss, um an die Bananen heranzukommen. Intelligent fänden wir einen Affen auch, wenn er folgendes Rätsel lösen könnte:

> Niemand in Amsterdam hat kein Auto. Rianne hat nur ein Fahrrad. Wohnt Rianne in Amsterdam?

Affen können das nicht. Ganz abgesehen davon, dass Rianne für sie von keinerlei Bedeutung ist, so wenig wie Amsterdam, können Affen kaum logisch folgern. Geschweige denn Kaninchen oder Meeresschnecken. Selbst wenn wir das Rätsel in »Affenform« bringen – mit Bananen und so –, hat ein Affe keinen blassen Schimmer. Wir Menschen schon. Wir lösen das Rätsel so: Rianne wohnt nicht in Amsterdam. Den einen oder anderen Schwachkopf, der sagt: »Was weiß ich? Ich kenne diese Rianne doch gar nicht«, lassen wir mal beiseite.

Folgern ist schwierig, man muss seinen Kopf dafür anstrengen, aber wir können es zumindest. Und das eröffnet uns allerhand Möglichkeiten. Die Menschen haben sich beispielsweise überlegt, dass sie Zeit sparen, wenn sie Kühe hinter einen Zaun stellen, statt jedes Mal Jagd auf sie zu machen. Und ich kann mir ausrechnen, dass eine Versicherungsprämie zu sechs Raten à fünf Euro teurer ist als eine Versicherungsprämie zu zwölf Raten à zwei Euro. Tiere dagegen können keine günstigen Versicherungen abschließen und keine Kühe hinter Zäune stellen, wenn ihnen gerade der Sinn danach steht.

Wenn drei Bären in einer Höhle sitzen und zwei kommen heraus, dann sitzt noch einer drin. Also lieber noch ein Weilchen draußen warten. Bären können nicht folgern oder zählen. Die müssen riechen, ob noch einer in der Höhle ist. Wenn sie nichts riechen, ist auch keiner mehr drin, denken sie. Weht der Wind zufällig aus der falschen Richtung, haben sie Pech gehabt. Bären kennen nur die Wahrheit, die sie mehr oder weniger direkt wahrnehmen können. Bei uns ist das anders. Wir können neue Wahrheiten aus bestehenden Wahrheiten ableiten. Das ist Folgern. Und das ist enorm praktisch. Ohne an der Höhle schnuppern zu müssen, wissen wir, dass noch ein Bär drin ist. Und ohne Rianne zu kennen, wissen wir, dass sie nicht in Amsterdam wohnt.

Es ist natürlich ungeheuer nützlich, dass wir logisch folgern können, aber wir dürfen unsere Fähigkeiten auf diesem Gebiet nicht überschätzen. Der Durchschnittsleser dieses Buches wird sich vermutlich schwer tun, folgendes Rätsel zu lösen:

Jeder Mann in Aalst wird vom Frisör rasiert. Niemand in Aalst rasiert sich selbst. Es gibt nur einen Frisör in Aalst. Wer rasiert den Frisör?

Schwierige Sache: Wer in aller Welt soll den Frisör rasieren, wenn alle Männer vom Frisör rasiert werden und der Frisör sich nicht selbst rasiert? Aber es gibt eine Lösung. Nur eine Schlussfolgerung ist möglich …

Einfach so drauflos folgern dürfen wir nicht. Denn dann leiten wir aus etwas Wahrem etwas Falsches ab, und sobald wir denken, die Luft ist rein, werden wir von den Bären aufgefressen. Dann kommt so etwas dabei heraus: Ein Stuhl hat vier Beine; ein Hund hat vier Beine; ein Hund ist ein Stuhl. Logisches Folgern ist an Regeln gebunden. Überaus logische Regeln.

Wenn B aus A folgt und A ist wahr, dann ist B auch wahr. Die Menschen sind sterblich; John F. Kennedy ist ein Mensch; also ist John F. Kennedy sterblich. Oder besser: war. Logisch, nicht wahr? Oder: *Wenn B aus A folgt und B ist falsch, dann ist A auch falsch.* Wenn etwas ein Stuhl ist, dann kann man darauf sitzen; wenn man nicht darauf sitzen kann, ist es kein

Stuhl. Vollkommen logisch, diese Regel (von kaputten Stühlen mal abgesehen). Und Folgendes ist auch gut: *Wenn eine Annahme Widerspruch hervorruft, dann ist die Annahme falsch.* Die Idee hinter dieser Regel ist die, dass etwas nicht sowohl wahr als auch falsch sein kann. Klingt logisch und ist mit der grundlegendste Ansatz der Logik.

Unter Anwendung dieser letzten Regel kann man das Rätsel mit dem Frisör von Aalst lösen. Annahme: Der Frisör von Aalst ist ein Mann. Da er ein Mann ist, wird er vom Frisör rasiert. Aber der Frisör von Aalst wird nicht vom Frisör rasiert (es gibt ja nur einen, und niemand in Aalst rasiert sich selbst). Das ist ein Widerspruch: eine Inkonsistenz. Die Annahme ist also falsch: Der Frisör von Aalst ist gar kein Mann. Rätsel gelöst!

Von wem die Frisörin von Aalst rasiert
wird, ist immer noch die Frage. Vielleicht
von ihrer Nachbarin.

Durch logisches Folgern kommt man dahinter, dass der Fri- sör von Aalst eine Frau ist, ohne dass man sie je gesehen hat. Sehr intelligent! Und die Frage ist natürlich, ob Maschinen ebenso intelligent sein können.

Übrigens ist noch immer nicht klar, wer denn jetzt den Fri- sör von Aalst rasiert. In dem Rätsel heißt es nur, dass jeder Mann vom Frisör rasiert wird; wer die Frauen rasiert, sei da- hingestellt. Die Idee ist natürlich, das sich der Frisör von Aalst überhaupt nicht rasiert. Aber in dem Rätsel wird nir- gends gesagt, dass Frauen sich nicht rasieren. Logisch gese- hen ist es durchaus möglich, dass die Frisörin von Aalst von ihrer Nachbarin rasiert wird.

Maschinell folgern

Beim Lösen eines logisches Rätsels, können wir vorgehen wie folgt. Wir nummerieren alle logischen Regeln, die uns ein- fallen, und schreiben sie auf einen Zettel. Die drei oben ge- nannten Regeln und noch ein paar andere (wir kommen aber auch schon mit zweien der drei Regeln weiter). Auf einen anderen Zettel schreiben wir die Fakten, die in dem Rätsel enthalten sind – Fakten à la »Rianne hat nur ein Fahr- rad« und »Niemand in Aalst rasiert sich selbst«. Diese Fak- ten nummerieren wir ebenfalls.

Dann sehen wir uns die Fakten des Rätsels an und über- prüfen, ob wir irgendwo eine der Regeln anwenden können. Mechanisch und ohne nachzudenken erzeugen wir auf diese Weise neue Fakten. Wir wenden alle Regeln an, die wir an- wenden können, und erzeugen ein neues Faktenbündel, bis wir das Faktum finden, nach dem wir gesucht haben – oder dessen Verneinung. *Wende ich Regel 2 auf Faktum 1 und 4 an, ergibt sich das folgende neue Faktum, dem ich die Nummer 11 gebe. Wende ich Regel 3 auf Faktum 11 an, ergibt sich Faktum Nummer 12 und so weiter.*

Wenn wir solchermaßen strukturiert an ein logisches Rätsel herangehen, ist die Wahrscheinlichkeit groß, dass wir irgendwann auf die Lösung kommen. Das Rianne-Rätsel lässt sich auf diese Weise in ein paar Schritten lösen. Da nur wenige Fakten gegeben sind, haben wir nicht viele Möglichkeiten. Eine ganz mechanische Prozedur, wie es scheint. Todlangweilig, aber äußerst effektiv. Wie eine Maschine erzeugen wir neue Fakten, bis das Problem gelöst ist.

Logisches Folgern ist ein strukturierter Prozess. Oder anders gesagt: Nur wenn man strukturiert an die Sache herangeht, klappt es halbwegs. Man kann es mit dem Spiel Solitär vergleichen, diesem Brettspiel mit den Stiften, das man für sich allein spielt. Ich bin darin, ehrlich gesagt, nicht sehr gut. Noch nie habe ich es geschafft, dass nur ein einziger Stift in der Mitte stehen bleibt. Aber für einen Computer sind das Peanuts. Der klappert einfach alle möglichen Züge ab. Ganz systematisch: Keinen lässt er aus, und nichts macht er doppelt.

Ich selbst könnte nie so strukturiert Solitär spielen. Ich hätte nicht die Geduld dazu und könnte mir auch nicht merken, welche Züge ich schon ausprobiert habe und welche nicht. Aber ein Computer kennt solche Probleme nicht. Der hat Geduld ohne Ende und kann sich eine Menge merken. Außerdem ist ein Computer auch ein Stück schneller als ich. Er muss die Stifte nicht real versetzen, er macht das alles »im Kopf«.

Wie Solitär ist auch logisches Folgern ein Kinderspiel für einen Computer. Logisches Folgern ist so ähnlich wie Solitär spielen. Bei beiden gibt es eine Ausgangssituation und eine Reihe von Regeln, nach denen man von einer Situation in die Nächste gelangt. (Im Grunde kennt Solitär nur eine Regel, nämlich die, dass man Stifte vom Spielfeld räumt, indem man sie überspringt. Andere – kompliziertere – Spiele haben mehr Regeln.) Bei einem logischen Rätsel besteht die Ausgangssituation aus den gegebenen Fakten, und es gibt Regeln, nach denen neue Fakten erzeugt werden. Die gewünschte Endsituation ist die Antwort auf eine Frage: die Bestätigung oder Verneinung von etwas (»Rianne wohnt in Amsterdam, oder sie wohnt nicht in Amsterdam«, »Der Frisör von Aalst rasiert sich selbst, oder er rasiert sich nicht selbst«).

Ein logischer Denkschritt ist wie ein Zug beim Solitär: Eine bestimmte Folge von logischen Denkschritten führt zur Antwort auf eine Frage, so wie eine Folge von Zügen beim Solitär dazu führt, dass am Schluss nur noch ein Stift in der Mitte steht. Indem man systematisch und sorgfältig alle logischen Denkschritte absucht, findet man schließlich eine Folge von Denkschritten, die zum gewünschten Endergebnis führt. Wir Menschen können das, und ein Computer kann es auch. Besser sogar. Weil ein Computer nichts vergisst und weil ihm nie langweilig wird.

Computer *können* logisch folgern. In gewisser Weise sogar besser als Menschen. Und logisches Folgern wird normalerweise mit Intelligenz assoziiert. Wer gut logisch folgern kann, wirkt intelligent. Und für die Lösung logischer Rätsel wird im Allgemeinen doch eine gewisse Intelligenz vorausgesetzt.

> Computer können recht gut logische Rätsel lösen. Sie tun das durch Abspulen einer mechanischen Prozedur. Und wenn man gut logische Rätsel lösen kann, dann ist man doch ziemlich intelligent.

»Alles Quatsch«, werden da manche sagen. »Ein Computer klappert einfach sämtliche Möglichkeiten ab. Was soll daran klug sein? Ein Computer spult wie eine dumme Maschine ein Programm ab und hat keine Ahnung, was er da überhaupt macht. Das ist doch nicht intelligent!«

Da ist was dran. Aber stellen wir uns mal vor, irgendwo läuft ein superintelligenter Wissenschaftler herum. Sagen wir mal, eine übermenschlich intelligente Wissenschaftlerin vom Mars. Die Wissenschaftlerin weiß genau, was sich in unserem Kopf abspielt, wenn wir Solitär spielen. Sie weiß genau, welche Verbindungen in unserem Kopf ablaufen und welche Neuronen sich an- und ausschalten, während wir den nächsten Zug überlegen. Das wäre möglich. Ein Mensch könnte das alles nicht wissen, aber die Wissenschaftlerin ist kein Mensch, sie kommt ja vom Mars.

Die Wissenschaftlerin weiß genau, welchen Stift wir als nächsten versetzen werden; sie kennt uns in- und auswendig. Wir machen natürlich auch ein paar weniger kluge Züge (auch das hat sie längst kommen sehen), aber am Ende geht das Spiel auf. Ich persönlich fände das ziemlich intelligent; bei mir ist das Spiel noch nie aufgegangen. Die Marsfrau könnte jedoch anderer Ansicht sein: »Diese schlichten Gemüter kommen sich bei dem Spiel Wunder wie intelligent vor, aber ich weiß es besser. Das Gehirn dieser Erdenbewohner spult einfach nur ein Programm ab, bei dem sich Gehirnzellen an- und ausschalten. Was soll daran intelligent sein?« Ich fände es schade – und nicht übermäßig klug –, wenn die sonst so kluge Wissenschaftlerin vom Mars das so sehen würde. Immerhin haben wir das Problem gelöst!

Angenommen, es gibt wirklich jemanden, der genau weiß, was sich in unserem Kopf abspielt, und für diesen Jemand sind die Abläufe in unserem Gehirn wie ein festes Programm, das einfach abgespult wird. Doch das macht uns nicht dümmer oder klüger. Wir sind so schlau, wie wir nun mal sind.

Aus eben diesem Grund ist es nicht gerechtfertigt, einen Computer dumm zu nennen, weil er angeblich nur ein Programm abspult. Man macht dann denselben Fehler wie die Wissenschaftlerin vom Mars. Was der Computer kann, darauf kommt es an. Und ich weiß, dass er besser Solitär spielen kann als ich, dass er vermutlich auch besser Schach spie-

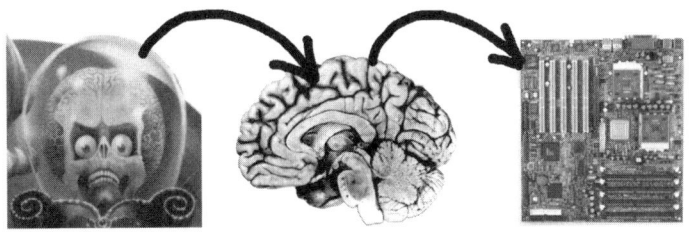

Dass man genau weiß, was in einem Computer
vor sich geht, ändert nichts an seiner Intelligenz.
Gäbe es einen Marsmenschen, der genau weiß, was
sich in unserem Gehirn abspielt, würde das auch
nichts an unserer Intelligenz ändern.

len kann und höchstwahrscheinlich viel schneller als ich darauf gekommen ist, dass der Frisör von Aalst eine Frau ist.

Natürlich gibt es keine solche Dame vom Mars, die alles
über uns weiß. Aber darum geht es auch gar nicht. Es geht
darum, dass die Schlussfolgerung der Dame falsch ist. Die
Schlussfolgerung nämlich, dass wir doof sind, weil unser Gehirn lediglich eine mechanische Prozedur durchläuft. Aber
selbst wenn unser Gehirn eine mechanische Prozedur durchläuft, sind wir doch immer noch gerade so schlau, wie wir
nun mal sind. Und genauso ist es mit Computern: Auch sie
sind so schlau, wie sie nun mal sind. Wenn sie sehr komplizierte Rätsel lösen können, dann sind sie meiner Ansicht
nach schlau. Intelligent sogar!

Gäbe es jemanden, der unser Gehirn scannen und unsere
Gedanken genau vorhersagen könnte, würden wir davon
kein bisschen dümmer: Auf das Resultat unserer Gedanken
kommt es an. Und ein Computer ist auch nicht dumm, nur
weil er ein vorhersehbares, vorgekautes Programm abspult.

Es gibt übrigens exotische logische Probleme, die Computer nicht lösen können, kreative, intelligente Menschen aber sehr wohl. Für solche logischen Probleme ist offenbar noch etwas anderes nötig als das Abspulen einer mechanischen Prozedur. Oft ist es aber umgekehrt: Ein normaler Computer kann besser logisch folgern als ein normaler Mensch. So wie ein durchschnittlicher Schweißroboter besser schweißt als ein durchschnittlicher Schweißer, so wie das Durchschnittsauto schneller ist als der Durchschnittssprinter.

Aber allein selig machend ist dieses logische Folgern absolut nicht. Könnten wir nur wie eine logische Maschine denken, würden wir bald überschnappen. »Ich lüge«, sagt der Lügner. Ah, denkt der Computer, aber wenn er lügt, dann sagt er die Wahrheit, wenn er sagt, dass er lügt. Also lügt er gar nicht! Aber dann lügt er: Er behauptet, dass er lügt, aber er sagt die Wahrheit. Offenbar ist er doch ein Lügner. Aber dann sagt er die Wahrheit ... Und so geht das noch eine Weile weiter. Bis der Computer reif ist für die Klapsmühle. Uns kratzt das nicht, wir haben dafür nur ein Achselzucken übrig. »Keine Ahnung, ob er ein Lügner ist oder nicht, das interessiert mich nicht die Bohne. Auf in die Kneipe!«

In die Schule

Kann eine Maschine klüger
werden als ihr Schöpfer?

Maschinen, Apparate und speziell Computer *können*, wie wir gesehen haben, intelligent sein. Aber nicht von sich aus. Ein Computer kann nicht von sich aus Solitär spielen oder logisch denken. Er braucht ein Programm dafür. Und solche Programme werden von Menschen gemacht. Es geht nicht ohne uns: Ohne den Menschen ist der Computer nichts als ein passiver Kunststoffkasten mit Elektronik drin. Die Frage ist, ob so ein Apparat klüger werden kann als sein Schöpfer. Kann ein Computer letztlich klüger werden als sein Programmierer?

Wir Menschen können das. Wir können gescheiter werden als unsere Erzeuger, die Eltern. Weil wir lernen können. Geboren werden wir als unwissende Nichtsnutze, die nur schreien, schlafen, trinken und in die Windeln machen können. Ein paar Jahre später kennen wir schon die Hauptstädte Europas, können laufen, küssen und lesen. Man schaut sich so allerhand ab.

Wir sind ohne weiteres in der Lage, Dinge zu lernen, die unsere Eltern noch nicht wussten, und wenn wir uns ein bisschen anstrengen oder einfach Glück haben, werden wir klüger als sie. Das gilt auch für Computer: Könnten sie ebenfalls lernen, würde nichts sie daran hindern, klüger zu werden als wir.

Ein ziemlicher Aufwand übrigens, dieses Lernen. Wie praktisch wäre es, wenn wir schon bei der Geburt die Hauptstädte Europas und alles andere wüssten! Dann müssten wir gar nicht erst in die Schule gehen und auch nicht auf einem Fahrrad mit Stützrädern herumstümpern.

Aber seien wir froh, dass es nicht so ist. Wahrscheinlich säßen wir sonst mit dem Gehirn eines halben Affenmenschen da. »Unga, unga« – viel mehr könnten wir nicht sagen. Und Niederländisch könnten wir schon gar nicht. Wie sollte man vorher wissen, ob man in den Niederlanden oder in Belgien geboren wird? Vielleicht wächst man ja in Spanien oder China auf. Dann müsste man bei der Geburt auch Spanisch und Chinesisch können. Und Dänisch und Swahili. Man müsste alle Sprachen der Welt können, weil man ja vorher nicht weiß, wo man aufwächst.

Es existieren ein paar tausend Sprachen auf der Welt, und es scheint Leute zu geben, die mehrere Dutzend davon können, aber ein paar tausend sind dann doch ein bisschen viel. Die haben nicht alle in unserem Kopf Platz. Und wie sinnvoll ist es, Swahili sprechen zu können, wenn man in Aalst oder Grubbenvorst wohnt? »Unga, unga« – dabei bleibt es. Und was ist, nachdem nun Berlin die Hauptstadt Deutschlands ist statt Bonn? Damit könnte man rein gar nichts anfangen, wenn man nicht lernen könnte. Extrem unpraktisch wäre das.

Die Verdrahtung des Gehirns *kann* gar nicht schon bei der Geburt festliegen. Zehn Milliarden Gehirnzellen und dazu zehntausendmal so viele Verbindungen. Wollte man all die Verbindungen genetisch festlegen, bräuchte man dazu eine Menge Gene. Unsere dreiundzwanzig Chromosomen wären dann bei weitem nicht genug, und die Gene müssten ungefähr so groß sein wie das Gehirn selbst. Da bleibt nur eines: lernen.

Das veränderliche Gehirn

Lernen können wir deshalb, weil die Verbindungen in unserem Gehirn nicht festliegen, sondern veränderlich sind. Im Gehirn eines guten Fußballers verläuft die Verdrahtung anders als im Gehirn eines Stümpers. Und in einem Gehirn, das die Hauptstädte Europas kennt, laufen andere Verbindungen als in einem Gehirn, dem dieses Wissen fehlt. Beim Lernen der Hauptstädte Europas und beim Fußballtraining verändern sich die Verbindungen im Kopf. Lernen heißt, dass Verbindungen zwischen bestimmten Zellen im Gehirn verschwinden oder sich verstärken. Aber wie funktioniert das? Wie weiß das Gehirn, welche Verbindungen es entfernen und welche es verstärken soll? Wie weiß es, dass die Verbindung zwischen Gehirnzelle 367 890 und Gehirnzelle 651 861 verstärkt werden muss, damit man besser Fußball spielen kann? Das weiß das Gehirn nicht, das geschieht von selbst.

Kehren wir einen Moment zu dem Bild von den Menschen mit den Schnüren zurück. Sechs Milliarden Menschen, die eine Art weltweites Gehirn bilden und mit Hilfe der Schnüre aneinander ziehen können. Auch wir selbst stehen mit unseren Schnüren in den Händen da. Zieht eine grüne Schnur an uns, dann ziehen wir ebenfalls an unseren Schnüren, zieht eine rote Schnur an uns, hören wir wieder damit auf.

Ich stehe da und habe keinen Schimmer, wozu das Ganze eigentlich gut ist. Ich weiß nicht mal, dass ich Teil des weltweiten Gehirns bin. Plötzlich beginnt die grüne Schnur mit der Nummer 34 an mir zu ziehen. Ich ziehe daraufhin an meinem eigenen Schnurbündel – dass ich das tun muss, ist das Einzige, was ich weiß. Und alle um mich herum tun dasselbe. Ein bisschen ziehen oder aber aufhören zu ziehen.

Plötzlich tönt es aus einem Lautsprecher: So war das nicht gedacht! Irgendetwas ist schief gegangen. Ich weiß nicht, ob mein Schnürchenziehen etwas mit dem Fiasko zu tun hat,

Das Gehirn ist wie ein Blinder, der einen Anzug
aussuchen muss. Ohne ein Kompliment oder ein Wort
der Kritik da und dort wird das nichts.

aber vielleicht sollte ich Schnur Nummer 34 besser losma-
chen. Man weiß ja nie. Auf diese Weise verschwinden allerhand Verbindungen von der Bildfläche. Und genauso kann
man Verbindungen, die gut zu funktionieren scheinen, verstärken, wenn aus dem Lautsprecher ein Kompliment kommt.
So ähnlich läuft das in unserem Gehirn: das Lernen. Nichts
und niemand im Gehirn weiß genau, was der Zweck der
Übung ist, aber durch Komplimente oder Rüffel kommt das
Gehirn darauf, welche Verbindungen in Ordnung und welche verkehrt sind. Es gleicht darin einem Blinden, der sich
einen Hochzeitsanzug aussuchen muss. Wenn ihm nicht ab
und zu jemand sagt, was schön und was hässlich ist, wird das
nichts. Genauso braucht auch das Gehirn ein bisschen Unterstützung.

> Niemand sagt dem Gehirn, wie die Verdrahtung genau laufen muss. Aber auf der Basis von Schulterklopfen und Tadel versucht das Gehirn, das Beste daraus zu machen.

Die Lernfabrik

Angenommen, ich arbeite in einer gigantischen Fabrik. Einer Fabrik mit mehreren Fabrikhallen, in denen Hunderte von Menschen beschäftigt sind. Ich weiß gar nicht, was in der Fabrik überhaupt hergestellt wird, und ich höre auch nie etwas von der Direktion oder den leitenden Angestellten. Da es verboten ist, sich in die anderen Fabrikhallen zu begeben, kann ich die Kollegen dort auch nicht fragen. Vielleicht soll die Sache ja geheim bleiben, wer weiß? Ich weiß nicht einmal genau, was von meiner Fabrikhalle erwartet wird. Ich weiß nur, dass dort große Spritzmaschinen stehen und dass aus einer anderen Halle regelmäßig Farbtöpfe und manchmal auch große Metallteile angeliefert werden. Da scheint es logisch, dass wir in unserer Halle die Metallteile spritzen müssen, aber sicher ist es nicht. Wir wissen auch gar nicht, in welcher Farbe.

Nach kurzer Beratung entscheiden wir uns für Grau. Irgendwas müssen wir ja tun. Außerdem ist von der grauen Farbe am meisten da. Achselzuckend machen wir uns an die Arbeit, und als wir fertig sind, liefern wir die Teile in der Halle nebenan ab. Dass das der Zweck der Übung ist, habe ich immerhin begriffen.

Als ich am nächsten Tag zur Arbeit komme, finde ich einen bösen Brief vor: Standardformular A1. Das einzige Standardformular, das in der Fabrik kursiert, und die einzig erlaubte Form der Kommunikation (außer dem Klatsch am Kaffeeautomaten mit den Kollegen aus der eigenen Halle). Das Formular enthält vier Felder, von denen der Absender eines angekreuzt hat: »Die von Ihnen ausgeführte Arbeit ist/war (a) gut; (b) besser als letztes Mal; (c) schlechter als letztes Mal; (d) schlecht.« Leider ist (d) angekreuzt. Aber was soll's, ich hatte ja keine Ahnung, was zu tun war.

Nächster Versuch also, mit einer anderen Farbe. Das geht so ein paar Wochen. Allmählich werden die A1-Formulare etwas freundlicher und mir dämmert, dass die Teile, die wir hereinbekommen, oben blau und unten weiß gespritzt werden müssen. Reife Leistung, dass wir das endlich kapiert haben, ohne je mit den Leuten aus der Halle nebenan gesprochen zu haben.

Leider bekommen wir hauptsächlich graue Farbe herein, mit der wir nichts anfangen können. Blau und Weiß brauchen wir. Uns bleibt nichts anderes übrig, als nun unsererseits ein A1-Formular an die Farblieferanten zu schicken, in dem Feld (d) angekreuzt ist. Pech für sie. Wieder vergehen ein paar Wochen – Wochen, in denen wir etliche böse A1-Formulare verschicken müssen und auch selbst immer wieder welche bekommen, weil wir keine andere Möglichkeit hatten, als die falsche Farbe zu verwenden. Aber schließlich begreifen auch die Lieferanten, was von ihnen erwartet wird, und es herrscht Friede, Freude, Eierkuchen.

Auch ohne klare Anweisungen waren wir letztlich in der Lage zu lernen, was von uns erwartet wird. Dank dem simplen A1-Formular. Und genauso läuft das im Gehirn. Keine Gehirnzelle, oder keine Region von Gehirnzellen, weiß genau, was von ihr erwartet wird. Das Gehirn hat auch keine Direktion, die klare Anweisungen erteilt. Aber dank dem A1-Formular (oder dessen biologischer Variante) kann es sich dennoch zu einem Organ entwickeln, das tut, was von ihm erwartet wird: Es sorgt dafür, dass wir Fußball spielen können, dass wir die europäischen Hauptstädte auswendig wissen und was es sonst noch Nützliches gibt.

Man mag sich fragen, warum das alles so sein muss. Ist das nicht furchtbar unpraktisch? Warum hat die Fabrik keine Direktion, die einfach sagt, in welcher Farbe die Teile gespritzt werden müssen, und warum gibt es im Gehirn so etwas nicht? Das würde doch eine Menge Zeit und Ärger sparen.

Stimmt, aber es geht nicht anders. Angenommen, es gäbe im Gehirn eine Direktion, die genau weiß, was von all den Gehirnzellen erwartet wird, und die auch genau weiß, wie alle Verbindungen im Gehirn laufen müssen. Dann wäre das eine sehr kluge Direktion, eine Direktion, die ungeheuer viel weiß. Aber wie sollte die Direktion zu diesem Wissen kommen? Sie bräuchte ein Gehirn dazu! Und müsste im Gehirn der Direktion nicht auch wieder ein Gehirn stecken? Das geht ins Uferlose. Wenn das Gehirn eine Direktion hat – ein allwissendes Teil, das an den Schnüren zieht und genau weiß, wie die Verdrahtung des Gehirns laufen muss –, dann braucht diese Direktion selbst auch ein Gehirn. Und da beißt sich die Katze in den Schwanz.

Mit einer so klugen Direktion im Kopf bräuchte ich außerdem den Rest meines Gehirns gar nicht mehr. Ich würde einfach die Direktion anheuern und das Gehirn feuern. Nein – das Gehirn als Ganzes ist seine eigene Direktion. Wir haben eine einzige große Direktion im Kopf – oder aber gar keine. Je nachdem, wie man es betrachtet. Eine Direktion mit zehn Milliarden Mitgliedern. Logisch, dass da nicht immer alles gleich effizient funktioniert.

Bleibt die Frage, wo die allerersten A1-Formulare herkommen. Irgendjemand in der Fabrik muss ja die ersten A1-Formulare verschicken. Wir selbst haben böse A1-Formulare bekommen, also wurden in unserer Fabrikhalle welche verschickt. Aber wo kommt das erste A1-Formular her? Von der Direktion vielleicht?

Mitnichten! Die ersten A1-Formulare kommen von angeborenen Instinkten. Lassen wir die Fabrik-Metapher einmal beiseite und kehren zum Gehirn zurück.

Angeborene Instinkte – die auch wieder irgendwo im Gehirn zu finden sind – sagen dem Gehirn, wann etwas in Ordnung ist und wann nicht (oder wann positive beziehungsweise negative Formulare verschickt werden müssen).

Wenn der Körper Schmerzen hat, dann stimmt etwas nicht und es werden korrigierende Berichte im Gehirn herumgeschickt. Schmerz ist angeboren, da kann man nichts machen. Aber es gibt noch mehr von diesen Instinkten. Zum Beispiel den, dass wir unsere Umgebung nachahmen. Kinder sehen ihre Eltern auf zwei Beinen herumlaufen und versuchen, diese Kunst so schnell wie möglich zu erlernen. Gelingt es ihnen nicht, sich wie die Eltern zu bewegen, wird ein A1-Formular verschickt. Es dauert ein gutes Jahr, aber in dieser Zeit schaffen es die meisten, laufen zu lernen.

Angeborene Instinkte sorgen dafür, dass das Gehirn weiß, was richtig und was falsch ist, und auf der Grundlage dieser Instinkte kann sich die Verdrahtung des Gehirns immer weiter vervollkommnen. Schmerz ist falsch; was die Eltern tun, ist richtig; ein voller Magen ist gut; Durst ist schlecht. Diese und andere Instinkte hat die Evolution uns – wie allen Tieren – mitgegeben. Die Evolution sorgt dafür, dass wir mit praktischen Instinkten ausgestattet werden. Und die Instinkte sorgen dafür, dass das Gehirn weiß, was richtig und was falsch ist.

Tigerjunge, die nicht instinktiv das Verhalten ihrer Eltern nachahmen, werden nie lernen, Antilopen zu fangen, und sterben einen frühen Tod. Lämmer, die nicht instinktiv über die Weide hüpfen, sondern faul liegen bleiben, lernen nie laufen und werden als Erste gefressen. Und Kinder, die nicht hören wollen, bleiben dumm.

Künstliches Lernen

Wir Menschen können lernen, Tiger können lernen, aber können Computer es auch? Darum geht es in diesem Kapitel. Ein Computer hat kein Gehirn, also kann es für ihn auch kein Verändern von Verbindungen zwischen den Gehirnzellen geben. Wollte er lernen, müsste er das irgendwie anders bewerkstelligen. Zum Beispiel indem er so tut, als hätte er ein Gehirn.

Eine Gehirnzelle ist eine einfache Sache, die man mit einem Computerprogramm leicht imitieren kann. Und ein etwas umfangreicheres Computerprogramm, das ein Netzwerk von mehreren hundert miteinander verbundenen Gehirnzellen nachahmt, ist auch machbar. Ein Stück falsches Gehirn herzustellen, das zum Beispiel lernt, einen Schrei auszustoßen, wenn es einen Tiger sieht, ist gar nicht so schwer.

Erst einmal sammle ich digitale Bilder von Tigern und anderen Tieren – ich brauche ja etwas, womit ich dem falschen Gehirn klarmachen kann, wie Tiger aussehen. Aber wie muss ich so ein softwaremäßiges Gehirn verdrahten, damit es Tiger erkennen kann? Zum Glück brauche ich das gar nicht zu wissen. Ich bastle einfach drauflos. Ich lege da und dort aufs Geratewohl ein paar Verbindungen und bin mir dabei bewusst, dass das Minigehirn sowieso nicht genau das tun wird, was ich will.

Als Nächstes nehme ich ein Bild aus meiner Sammlung und präsentiere es dem Computergehirn. (Das mag alles etwas kompliziert klingen. Wie präsentiert man dem Computergehirn Bilder? Müssen die Bilder gleich groß sein? Und wie stößt das Netzwerk einen Schrei aus? Ist es mit einer Stereoanlage verbunden oder so? Aber um diese technischen Details brauche ich mich nicht weiter zu kümmern. Es gibt fix und fertige Programme, die das alles für mich regeln. Ich muss mir nur klarmachen, dass eine Gehirnzelle etwas ganz

Einfaches ist und dass es für ein Computerprogramm nicht besonders schwierig ist, ein paar solcher Gehirnzellen zu imitieren.) Beim Anblick des Tigerbildes springen eine Reihe von Neuronen an. Die schalten wieder andere Neuronen ein oder aus, und schon fegt ein Sturm von an- und ausgehenden Neuronen durch das Computergehirn. Irgendwann legt sich der Sturm wieder, aber ein Schrei war nicht zu hören. So war das nicht gedacht: Das Ding sollte beim Anblick des Tigers einen Schrei ausstoßen.

Ich schicke dem Gehirn ein böses A1-Formular, das heißt, ich lasse das Programm wissen, dass es so nicht geht: Es hätte einen Schrei von sich geben müssen. Daraufhin werden da und dort die Verbindungen geändert. Aber nicht von mir. Es geschieht von allein. Die imitierten Gehirnzellen tun es selbst.

Ich wiederhole die ganze Prozedur einige Male, jedes Mal mit einem anderen Bild. Und immer wenn das Ding beim Anblick eines Tigers zu schreien vergisst, werde ich böse. Auch dann, wenn es beim Anblick einer Ente oder eines Koalabären schreit. Nach einer Weile merke ich, dass es immer weniger Fehler macht. Ab und zu verwechselt es einen Tiger noch mit einem Zebra (wegen der Streifen), aber nachdem es noch ein bisschen weitergelernt hat, kommt auch das nicht mehr vor. Das künstliche Gehirn kann Tiger erkennen! Und mehr noch: Ich wette darauf, dass das Programm auch schreit, wenn ich ihm ein Tigerfoto zeige, das es noch nie gesehen hat.

Ein Computer *kann* also lernen. Anfangs kann er einen Tiger nicht von einem Kaninchen oder einem Koala unterscheiden, aber nach einiger Übung schafft er es. Logisch: Ein Gehirn kann lernen; imitiert man es mit einem Computerprogramm, kann folglich auch das Computerprogramm lernen. Übrigens ist ein simuliertes Gehirn mit ein paar hundert Neuronen so ungefähr das Höchste der Gefühle. Zehn Milliarden Gehirnzellen – wie wir sie haben –, das schafft ein

Computer auch nicht annähernd. All die Gehirnzellen müssten ja vom einzigen Prozessor des Computers imitiert werden. Hundert Gehirnzellen nachahmen, das kann er noch. Aber zehn Milliarden – nie und nimmer.

Interessanterweise wird nicht ganz klar, wie so ein falsches Gehirn das eigentlich macht – Tiger erkennen. Auch eine gründliche Analyse der Neuronen und der Verbindungen zwischen ihnen wird da nicht viel weiter helfen. Es gibt nirgendwo eine Gehirnzelle, die auf Tigerohren spezialisiert ist, und es gibt nirgendwo eine Gehirnzelle, die die Beine des zu erkennenden Tieres zählt. (Das hat zweifellos zur Folge, dass das Programm auch zwei-, drei- und achtbeinige Tiger als Tiger erkennen würde. Genauso unfehlbar, auch wenn das nicht ganz der Zweck der Übung ist.)

So ein Softwaregehirn ist nicht wie eine Fabrik, in der Schritt für Schritt logische, nachweisbare Aktivitäten durchgeführt werden: Schritt für Schritt vom zerkleinerten Schweinefleisch bis hin zur Knackwurstdose beispielsweise. Das Fleisch wird erst in großen Drucktöpfen erhitzt und dann in Schweinedärme abgefüllt. Zum Schluss werden die Dosen mit Etiketten versehen und in Kartons verpackt. In einer Fabrik findet eine lange Reihe benennbarer Handlungen statt. Man weiß genau, was in welcher Reihenfolge passiert, und man weiß auch, was passiert, wenn eine Maschine ausfällt.

Aber bei einem Softwaregehirn ist das anders. Wir wissen zwar, was genau die einzelnen Gehirnzellen tun (das kann man im Computer Schritt für Schritt verfolgen), aber wir können es nicht auf sinnvolle Weise in Worte fassen. Wir können nur eines sagen: Dass eine bestimmte Gehirnzelle mit den und den anderen Gehirnzellen verbunden ist, dass sie angeht, wenn Gehirnzelle 23 und 64 angehen, und dass sie wieder ausgeht, wenn Gehirnzelle 37 ausgeht. Das ist alles. Oder wir können sagen, dass die Gesamtheit der Gehirnzellen Tiger erkennt.

Hochbegabte Maschinen

Ein Computer kann also lernen, indem er ein kleines Stück Gehirn imitiert. Es geht aber auch sehr viel einfacher. Man kann problemlos ein Programm schreiben, das Tiere durch ein Spiel kennen lernt, bei dem man sich ein Tier denkt (das der andere dann durch gezielte Fragen erraten muss, wie etwa: Ist es ein Säugetier? Hat es einen Rüssel?).

Beim ersten Mal kennt das Programm nur ein einziges Tier: ein Pferd. »Ist es ein Pferd?«, fragt der Computer. Ich habe eine Spinne im Sinn und verneine. »Ich geb's auf«, sagt der Computer. »Was war's?« Ich sage ihm, dass die richtige Antwort »eine Spinne« gelautet hätte, worauf er mich fragt, wie man Spinnen von Pferden unterscheiden kann. »Eine Spinne hat acht Beine, ein Pferd nur vier«, helfe ich ihm weiter, und dann spielen wir noch einmal. Ich denke mir ein Schaf und drücke auf »Start«. »Wie viele Beine hat es?«, fragt das Programm. »Vier«, antworte ich. »Ist es ein Pferd?« Ich drücke auf »nein«, und wieder gibt der Computer auf. Ich helfe ihm von neuem und erkläre ihm, wie man Pferde von Schafen unterscheiden kann, und so machen wir noch eine Zeit lang weiter.

Wenn ich die Geduld aufbringe, das Spiel ein paar Stunden lang zu spielen, dann weiß der Computer fast so viel über Tiere wie ich. Das alles hat er gelernt. Und wenn ich dann noch alle meine Freunde und Bekannten eine Weile spielen lasse, kennt der Apparat unendlich viel mehr Tiere als ich selbst. Es ist ein Märchen, dass ein Computer niemals klüger sein könnte als sein Programmierer. Worauf dieses Märchen beruht, ist mir schleierhaft. Autos können sich schneller fortbewegen als Automechaniker, Gebäude können höher sein als Kräne, und Zigaretten sind ungesünder als Philip Morris. Warum sollten Computerprogramme da nicht klüger sein können als der Programmierer?

Autos sind schneller als Automechaniker ...
Und Computer können tatsächlich klüger werden
als Computerfreaks.

Programme können also sehr wohl klüger sein als ihre Programmierer. Schachprogramme haben das längst bewiesen. Ein Schachprogramm kann den Schachweltmeister schlagen, aber wer hat das Schachprogramm gemacht? Ganz normale Leute. Die vielleicht gar nicht so furchtbar gut Schach spielen, dafür aber gut Computer programmieren können.

»Aber irgendjemand muss das Programm doch schreiben«, mag man einwenden, »das kann der Computer ja nicht selbst.« Aber auch das stimmt nicht. Ich bin ziemlich schlecht im Multiplizieren von Zahlen mit mehr als hundert Ziffern, aber ich schreibe mit links ein Computerprogramm, das das kann. (Eine Minute brauche ich dafür.) Das Computerprogramm ist im Multiplizieren zweifellos klüger als ich. Und ich kann sogar ein Computerprogramm schreiben, das ein Computerprogramm schreibt, das ein Computerprogramm schreibt, das besser multiplizieren kann als ich. Wer hat dieses letzte Computerprogramm geschrieben? Der Computer, nicht ich!

Natürlich musste ich den ersten Anstoß dazu geben. Aber das ist nur logisch: Alles hat einen Anfang. Ich auch. Ohne den ersten Anstoß meiner Eltern gäbe es mich nicht. Das heißt jedoch nicht, dass ich nicht klüger werden könnte als sie. Und es ist auch ohne weiteres möglich, dass der Computer letztlich klüger wird als wir, seine Erfinder.

Denken

Kann eine Maschine denken?

Maschinen können logisch folgern, sind also in gewissem Sinne intelligent, und sie können auch Dinge lernen. Das ist alles ganz wunderbar und vielleicht auch überraschend, aber können sie auch denken? Eine logische Frage. Aber auch eine schwierige, denn was in aller Welt ist Denken?

Eigentlich ist es jetzt an der Zeit, finde ich, den Spieß einmal umzudrehen. Bisher haben wir immer nur den Computer unter die Lupe genommen: Kann so ein Ding intelligent sein? Kann es lernen? Solcherlei Fragen haben wir gestellt. Aber jetzt setzen wir einmal ein Fragezeichen hinter den Menschen. Was ist dieses Denken genau, und können wir es wirklich so gut?

Denken ist …

Denken ist eine Aktivität: Man *tut* es. Man denkt an den Urlaub, oder man denkt an die Lösung eines Rätsels. Aber es kann auch etwas Passives sein. Wenn wir zum Beispiel denken, dass Aalst in den Niederlanden liegt oder Zwijndrecht in Belgien. Dann ist Denken mehr so etwas wie »Wissen« oder »Glauben«. Und das sind keine Aktivitäten. Man kann ununterbrochen wissen, ohne müde zu werden: Ich weiß immer, dass ich Fisch mag, und das kostet mich keinerlei Mühe. Müsste ich aber permanent an Fisch denken, würde ich davon todmüde. Wenn in diesem Kapitel vom Denken die Rede ist, dann ist damit die Aktivität des Denkens gemeint: das Nachdenken.

Das Denken ist eine auffällige Aktivität, weil wir nur an eine Sache auf einmal denken können. Von den meisten anderen Dingen, die sich im Kopf abspielen, können wir viele gleichzeitig. Wir können in ein und demselben Moment mehrere Dinge sehen und hören: Ich sehe meinen Schreibtisch und die Straße, ich höre die Autos und einen Vogel. Und während des Sehens wackle ich auch noch mit den Zehen und tippe diesen Text. Aber denken können wir nur an eine Sache. Ich kann nur ein Rätsel auf einmal lösen, und wenn ich an den Strand denke, denke ich nicht an meine Arbeit, und umgekehrt.

Und was ist Denken nun? Eine interessante Idee ist die, dass Denken und Sprache etwas miteinander zu tun haben. Klingt plausibel. Man versuche mal, ohne Sprache zu denken. »Hmmm … was esse ich heute Abend?«, denkt man. Und wenn man dabei so allein dasitzt und vor sich hinschaut, spricht man es vermutlich auch laut aus.

Bevor Kinder richtig lesen können, lernen sie laut lesen, und bevor sie kopfrechnen können, lernen sie laut rechnen. »Einmal fünf ist fünf; zweimal fünf ist zehn« und so weiter. Man sagt die Worte zu sich selbst, und allmählich fällt der Groschen. Und wenn man lange genug mit sich selbst geredet hat, kann man es auch, ohne die Lippen zu bewegen.

Bei mir läuft das jedenfalls so. Vor einiger Zeit sah ich in einer Kneipe ein Fußballspiel im Fernsehen, das in Spanien stattfand. Irgendwann erschien das Wort »cambio« auf dem Bildschirm. Ich hatte keine Ahnung, was »cambio« in der Fußballwelt bedeutet, aber ich kannte das Wort aus dem Spanienurlaub. »Cambio« heißt wechseln: Geld wechseln. »Wechsel«, murmelte ich vor mich hin und hörte mich dabei selbst. »Wechsel, natürlich! Da wird ein Spieler ausgewechselt!« Durch lautes Reden mit mir selbst hatte ich begriffen, was los war. Normalerweise merkt man von solchen Prozessen nichts, weil man sie vor sich selbst geheim hält. Dann laufen sie geräuschlos im Kopf ab.

Schreiben ist für mich in etwa das Gleiche. Zum Papier sprechen. Ich schreibe die Wörter hin und lese sie noch einmal durch. Beim Schreiben und Lesen werden die Dinge klarer, und ich kann mir etwas »ausdenken«, was ich mir nie ausgedacht hätte, wenn ich nichts aufgeschrieben hätte. Denken ist eine Art Selbstgespräch, bei dem man die Worte nicht ausspricht. Jetzt wird auch klar, warum man nur an eine Sache gleichzeitig denken kann: Weil man auch nur eine Sache gleichzeitig aussprechen kann; man hat schließlich nur einen Mund.

Niemand in Amsterdam hat kein Auto …
Rianne hat nur ein Fahrrad. Wenn ich mir Rianne
und Amsterdam vorstelle, wird mir sofort klar, dass sie
nicht in Amsterdam wohnen kann. (Nur: was um
Himmels willen ist »sich etwas vorstellen«?)

Aber es ist doch etwas komplizierter: Man kann nämlich auch ohne Worte denken. Beim Schachspielen rede ich nicht im Stillen mit mir selbst. Stattdessen bewege ich die Figuren im Kopf. Ich stelle mir vor, wie das Schachbrett aussieht, wenn ich den Springer von A nach B ziehe. Und mehr noch: Wenn es schwierig wird, mache ich die entsprechende Bewegung auch wirklich (vermeide dabei aber ängstlich, die Figuren zu berühren). Und wenn ich das Rätsel mit Riannes Wohnort zu lösen versuche (die Rianne, die nur ein Fahrrad hat, während in Amsterdam alle ein Auto besitzen), rede ich auch nicht mit mir selbst. Dann sehe ich Amsterdam vor mir. Mit lauter Menschen darin, von denen keiner ohne Auto ist. Eine Stadt voller Autobesitzer. Ich stelle mir dann auch eine junge Dame vor, die nur ein Fahrrad hat, und schon wird klar, dass diese junge Dame – Rianne – nicht in dieser Stadt wohnen kann. Offensichtlich können wir also nicht nur denken, indem wir mit uns selbst sprechen, sondern auch indem wir uns etwas vorstellen oder es im Kopf tun.

> Vielleicht heißt Denken, dass man so tut, als täte man etwas, aber man tut es nicht wirklich: Man redet mit sich selbst, aber ohne die Lippen zu bewegen, und doch hört man sich reden. Man tut so, als würde man die Schachfiguren bewegen, rührt sie aber nicht an. Oder man fährt nach Amsterdam, ohne sich von der Stelle zu bewegen, und doch sieht man die Stadt mit all den Autos.

Und was haben wir davon – von diesem Denken? Was können wir damit anfangen? Das Gute am Denken ist, dass wir nicht nach Amsterdam fahren müssen, um nachzusehen, ob Rianne dort wohnt. Wir können uns denken, dass sie nicht dort wohnt, indem wir in unserer Vorstellung nach Amsterdam fahren. Wir sehen all die Autos vor uns und wissen, dass

Rianne nicht dort wohnen kann. Ohne in den Zug zu steigen und ohne Rianne zu kennen. Und wir können durch Denken allerlei Schachzüge ausprobieren, ohne sie wirklich zu machen.

Durch Denken können wir die Welt erforschen, ohne in sie hinauszuziehen, und wir können Fakten ableiten, die nicht direkt wahrnehmbar sind. Und damit sind die Vorteile des Denkens in etwa die gleichen wie die Vorteile des logischen Folgerns – wie es ein paar Kapitel weiter vorn besprochen wurde. Folgern ist das Ableiten neuer Fakten aus gegebenen Fakten. Denken könnte so etwas sein wie die menschliche Art des Folgerns. Ein Computer folgert, indem er emsig rechnet. Ein Mensch folgert, indem er mit sich selbst spricht, in Gedanken auf Reisen geht oder andere Dinge virtuell statt real unternimmt.

Computer tun das nicht – sich Amsterdam vorstellen oder leise mit sich selbst reden. In diesem Sinne können Computer nicht denken. Oder zumindest denken sie auf andere Art als wir. Aber das tut nichts zur Sache. Was dabei herauskommt, zählt, und das ist beim Computer nicht unbedingt schlechter.

Wer ist nun klüger?

Ein Kaninchen, das drei Bären in einer Höhle verschwinden und zwei wieder herauskommen sieht, weiß nicht, dass noch einer drin ist. Nicht dass Kaninchen von Bären viel zu fürchten hätten, aber lästig ist es doch. Wir Menschen sind da besser dran, wir sind schlauer als Kaninchen. Wenn aber 95 367 Bären in einer Höhle verschwinden, gefolgt von weiteren 23 487, worauf 118 844 Bären wieder herauskommen, dann weiß ich nicht sofort, ob sich noch Bären in der Höhle befinden. Und wenn ja, wie viele. Ein Computer hat das Problem nicht. Der weiß im Handumdrehen, dass noch zehn Bären drin sind und dass es sich empfiehlt, draußen zu warten.

Ein mutiger, aber einfältiger Mensch wird vielleicht sagen, »So viele können es doch nicht sein«, und in die Höhle hineingehen (mutig und einfältig ist so ziemlich das Gleiche). Aber das wird er bitter bereuen. Wenn wir Menschen den Kaninchen voraushaben, dass wir wissen können, wie viele Bären in der Höhle sind, ohne erst nachsehen zu müssen, dann hat der Computer uns voraus, dass er das noch viel besser kann.

Da ist nichts zu machen. Wir sind eben Menschen und keine wandelnden Rechenmaschinen. Befände sich unter den vor der Höhle wartenden Menschen eine Rechenmaschine, würde sie wahrscheinlich ausgelacht werden. »Stell dich nicht so an! Du traust dich ja bloß nicht in die Höhle. Los, rein mit dir!« So sind die Menschen. Die pfeifen oft auf Logik und auf die Wahrheit.

Ganze Kriege brechen aufgrund von Trugschlüssen und allerlei Humbug aus. Die Wahrheit dessen, der am lautesten schreit, findet in der Regel mehr Gehör als die eigentliche Wahrheit. Das traurigste Beispiel dafür ist Sokrates, der haarklein die Fehler in der Argumentation anderer aufdeckte und sie auf ihre Widersprüche und Trugschlüsse hinwies. Doch in der griechischen Politik vor zweieinhalbtausend Jahren spielte das weiter keine Rolle. Sokrates wurde zum Tode verurteilt, und die widersprüchliche, nicht logische Welt drehte sich einfach weiter. Was nicht heißt, dass Sokrates nicht hochintelligent war – der intelligenteste Einwohner Athens dem dortigen Orakel zufolge.

Aber so ist unsere Menschenwelt nun mal beschaffen. Und da ist nichts zu machen, so wenig, wie Kaninchen jemals zählen lernen werden, so wenig wie Löwen jemals lernen werden, Viehzucht zu treiben. Genießen wir sie lieber ein bisschen, diese Menschenwelt. Wir dürfen nur nicht glauben, wir seien ja ach so klug und hätten die Wahrheit gepachtet, denn das ist nicht der Fall.

> Der Mensch ist die einzige Tierart, die denken kann. Das ist praktisch und sorgt dafür, dass wir alles können, was andere Tiere nicht können. Aber wir dürfen den Bogen nicht überspannen: In unserer Menschenwelt legen wir wenig Wert auf Weisheit.

Ich habe im Schach noch nie gegen einen Computer gewonnen. Ich kann zwar nicht besonders gut Schach spielen, aber so furchtbar schlecht bin ich auch wieder nicht. Gegen meine Freunde gewinne ich regelmäßig. Auch gegen solche, die ab und zu gegen ein Schachprogramm gewinnen. Das liegt an meiner Einschüchterungstaktik. Ich mache meine Züge entschlossen und voller Überzeugung. Mit Schmackes. Ich nehme einen kräftigen Schluck Bier und sehe meinen Gegner siegesgewiss an. »Ha, jetzt bist du dran, mein Lieber!«

Und so kommt es dann auch. Durch meinen resoluten Angriff nervös geworden, macht mein Gegner einen Fehler nach dem anderen, und ich gewinne die Partie. Das funktioniert ... bei Menschen. Dummen Menschen. Die lassen sich durch völlig sachfremde Umstände aus dem Konzept bringen. (Allmählich wissen meine Freunde allerdings, dass ich eigentlich gar nicht so gut Schach spielen kann; sie lassen mich in Ruhe machen, und dann fegen sie mich unbeeindruckt vom Brett.)

Ein Computer hat für so etwas nur ein Achselzucken übrig. Was kratzt es ihn, dass ich stramm und voller Selbstvertrauen noch eine Wolke Zigarettenrauch in die Luft blase und mich entspannt zurücklehne? Er sieht es nicht mal. Er sieht nur miserable Schachzüge. Und gewinnt deshalb auch mühelos. Immer.

Wer kann nun besser denken? Der leicht aus dem Konzept zu bringende Mensch? Der Mensch mit all seinen vermeintlichen Extras: einem Willen, Träumen, Emotionen? Oder der unbarmherzige Computer, der diese Extras vielleicht nicht hat (vielleicht aber doch), sie aber wahrscheinlich auch nicht braucht?

Die Bedeutung von Bedeutung

Kann eine Maschine verstehen?

So ein Computer mag zwar wie ein Schlaumeier daherkommen, der die Dinge nicht unbedingt schlechter kann als der Mensch, aber etwas *verstehen* kann er nicht. Mein Rechtschreibprogramm kontrolliert die Rechtschreibung besser, als ich es könnte, versteht aber rein gar nichts von dem, was ich schreibe. Tippe ich »Sthul« statt »Stuhl«, merkt es sofort, dass etwas nicht stimmt. Schreibe ich aber, dass »der Stuhl eine Banane liest«, unternimmt es nichts. Es hat keine Ahnung, was ein Stuhl ist, und weiß nicht, dass man Bananen nicht lesen kann.

Werden Maschinen je lernen, was Stühle und Bananen sind? Und werden sie uns je verstehen, so wie wir einander verstehen? Das ist hier die Frage.

> Es gibt kein Garp, das keinen Bresen kneben kann. Prutzel knebt nur Wahm. Ist Prutzel ein Garp oder nicht?

Formal ist das nicht komplizierter als das Rätsel mit Riannes Wohnort. Für die meisten Menschen, für mich auch, ist es aber sehr wohl komplizierter. Einen Computer kümmert das nicht: Prutzel ist kein Garp, so wenig, wie Rianne in Amsterdam wohnt. Für den Computer ist es genau dasselbe Rätsel.

Bei dem Rianne-Rätsel stelle ich mir Rianne vor, und ich stelle mir Amsterdam vor, voller Menschen und Autos. Aber was um Himmels willen soll ich mit knebenden Prutzeln anfangen? Von denen kann ich mir keine Vorstellung machen. Weil keine Vorstellung davon existiert. Da wird das Folgern schon ein Stück schwieriger. Für mich jedenfalls. Ich kann mir aber sehr gut einen Schlaumeier vorstellen, dem ein Rätsel mit Prutzeln keinerlei Schwierigkeiten bereitet. Doch auch dieser Schlaumeier muss passen, wenn das Rätsel komplizierter wird: länger, mit noch viel mehr, noch komischeren Wörtern.

Computer haben damit kein Problem. Sie folgern anders als wir Menschen. Das ist nur logisch, denn Computer kennen keine Bedeutung. Ein Computer kann sich keinerlei Vorstellung von Rianne, einem Fahrrad oder von Amsterdam machen. Computer arbeiten mit für sie bedeutungslosen Wörtern. Völlig unvoreingenommen und sehr schnell.

Das ist praktisch, und es geht ihnen sehr gut von der Hand. Computer können sogar bei Dingen folgern, die sie noch nie gesehen, von denen sie noch nie gehört haben. Aber das ist auch ihre große Schwäche: Etwas wirklich verstehen können sie nicht. Ein Stuhl ist zum Sitzen da – für uns jedenfalls. Für einen Holzwurm ist ein Stuhl zum Fressen da. Aber was ist ein Stuhl für einen Computer?

Die Bedeutung eines Stuhls liegt nicht im Stuhl selbst. Für ein Wesen, das Stühle frisst, ist ein Stuhl Nahrung, für jemanden, der Stühle zum Sitzen benutzt, ist ein Stuhl ein Möbel, ein Sitzmöbel. Ein Computer aber benutzt Stühle nicht. Nicht, um darauf zu sitzen, nicht, um sie zu fressen, nicht einmal, um sie anzusehen. Schon verrückt, dass ein Computer nicht weiß, was ein Stuhl ist: Ein Stuhl bedeutet nichts für ihn.

Die Dinge haben keine Bedeutung an sich, sie erhalten ihre Bedeutung erst durch die Rolle, die sie in unserem Leben spielen. Genau das ist die Bedeutung von Bedeutung. Und da soll ein Computer kein Leben haben. (Das ist wahre Philosophie: die Bedeutung von Bedeutung …)

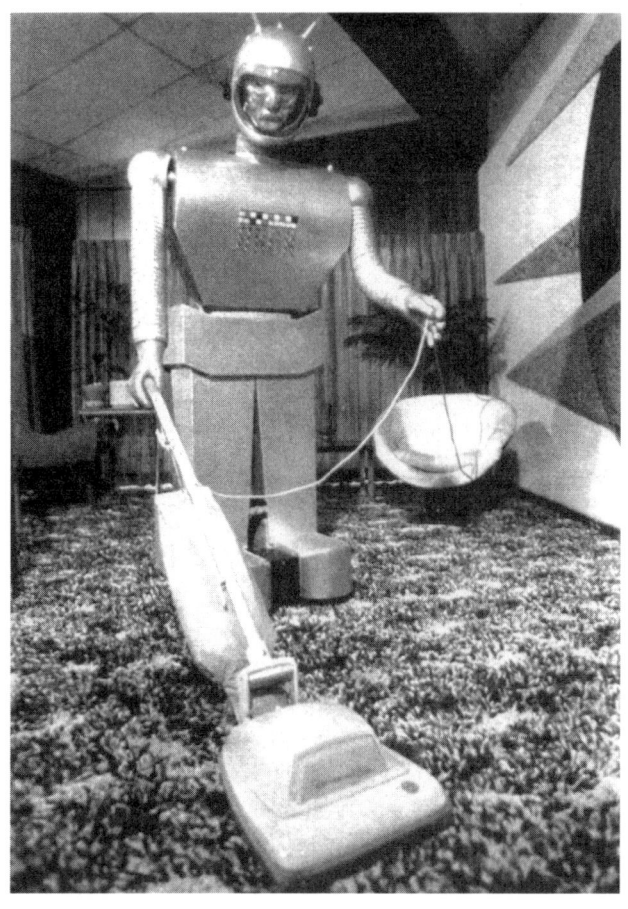

Der Traum jedes Roboterbauers
(ein Hausmann oder eine Hausfrau)

Ein Computer lebt in einen Kasten eingesperrt. Das Einzige, was er von der Außenwelt mitbekommt, ist der Strom, der an- und abgeschaltet wird, und der Druck auf seine Tasten. Ansonsten ist er blind und taub. Das ändert sich, wenn wir den Computer erlösen und ihn zum Beispiel den Teppich

saugen lassen. (Aus unerfindlichen Gründen ist der staub-
saugende Haushaltsroboter der Traum jedes Roboterbauers.)
Plötzlich gewinnt der Teppich Bedeutung für den Apparat.
Und mit ihm der Staub und die Krümel. Ein Teppich an sich
hat keine Bedeutung, so wenig wie Staub und Krümel. Er erhält erst dann Bedeutung, wenn man etwas mit ihm machen
kann: staubsaugen etwa oder darüberlaufen.

> Die Dinge an sich haben keine Bedeutung. Erst durch die
> Rolle, die sie in unserem Leben spielen, gewinnen sie Be-
> deutung. Und da soll ein Computer kein Leben haben ...

Frösche sehen ziemlich wenig. Das weiß man, weil man das
Froschgehirn bis zum Gehtnichtmehr auseinander genommen hat. Für den Frosch zerfällt die Welt in zwei Teile: unten und oben. Unten kann er hüpfen oder schwimmen, oben
fliegt seine Nahrung. Er schnappt nach kleinen, sich bewegenden Flecken, die er da oben sieht, in der »Annahme«,
dass es essbare Insekten sind. Vor großen sich bewegenden
Flecken hüpft er weg. Der in einen Frosch verwandelte Prinz
wird die Prinzessin, die sich ihm mit dem erlösenden Kuss
nähert, leider nicht als solche erkennen.

Die Welt hat Bedeutung für den Frosch, wenn auch nicht
viel. Für den Frosch besteht die Welt aus »Laufsachen«,
»Schwimmsachen«, »Schnappsachen« und »Fliegsachen«.
Und da Frösche höchstwahrscheinlich auch andere Frösche
erkennen können, auch noch aus »Verjagsachen« und »Ko-
puliersachen«. Das sind so ungefähr die Dinge, die ein Frosch
sieht, und das ist alles an Bedeutung, was er kennt.

So ist es auch mit Computern. Für den Computer gewinnen
die Dinge erst Bedeutung, wenn er vor ihnen flüchten muss,
wenn er sie aufessen oder sonst wie real erleben kann. Je mehr

ein Computer in der Welt vermag, desto mehr Bedeutung gewinnt die Welt für ihn. Der Teppich gewinnt Bedeutung für den Haushaltsroboter, Felsblöcke gewinnen Bedeutung für den Marsroboter, Vögel gewinnen Bedeutung für Flugroboter.

Das ist aber vermutlich eine Roboterbedeutung und keine Menschenbedeutung. Für einen Staubsaugroboter ist ein Stuhl nicht zum Sitzen da, sondern zum Umfahren. Für ihn ist ein Stuhl nie und nimmer ein Sitzmöbel, weil er nie darauf sitzt. So wie wir die Bedeutung eines Stuhl für einen Holzwurm nie wirklich kennen werden, wird auch ein Roboter niemals genau wissen, was ein Stuhl für uns bedeutet. Allenfalls denkt er: Das sind die Dinger, auf denen sich diese weichen rosa Roboter immer niederlassen.

> Eine Maschine wird der Welt erst Bedeutung beimessen, wenn die Maschine zum Leben erwacht – wenn sie Teppiche saugt, Planeten erkundet oder Sonstiges. Es wird jedoch keine Menschenbedeutung sein, sondern eine Maschinenbedeutung.

Ein Frosch sieht nur »Fliegsachen«, »Schnappsachen« und dergleichen mehr. Ein Staubsaugroboter sieht nur Teppich, Hindernisse und Staub. Und auch wir sehen nur die Dinge, die in unserem Leben eine Rolle spielen.

Fragt man mich, was ich sehe, wenn ich in eine Straße schaue, werde ich vermutlich von den Häusern, den Haustüren und den Autos in dieser Straße sprechen. Von den Menschen, die dort herumlaufen und von den Schaufenstern. Das Grün zwischen den Gehwegplatten werde ich sicher nicht erwähnen. Es hat für mich keine Bedeutung, ich sehe es nicht einmal. Selbst wenn ich vierundzwanzig Stunden Zeit hätte, alle Details der Straße zu erfassen, wüsste ich spä-

ter wahrscheinlich nicht mehr, ob zwischen den Gehwegplatten Moos war oder nicht (außer natürlich, ich war auf
diese Frage vorbereitet). Dabei ist das Moos zwischen den
Platten keineswegs unsichtbar. Mehr noch: Die Spatzen werden sich gerade für dieses Grünzeug interessieren. Es könnten ja zum Beispiel Würmer darunter sein.

Ein Glück, dass wir nur die Dinge sehen, die für uns von
Bedeutung sind. Wir würden schnell durchdrehen, wenn wir
auch alles sehen würden, was keine Bedeutung für uns hat.
Das Dumme ist nur, dass ziemlich viele Dinge eine Bedeutung für uns haben. Wir sind nicht wie die Frösche, die nur
sechs Dinge können, die nur sechs Bedeutungen kennen und
daher nur sechs Dinge sehen. Wir können alles. Besonders in
einer künstlichen Menschenumgebung wie der Stadt. Ich
kann an der Frittenbude eine Tüte Pommes kaufen, ich kann
die Straße überqueren, und ich kann versuchen, den Blau-
mann zu beschwatzen, der mir gerade ein Knöllchen unter
den Scheibenwischer schiebt. Und da ich alles kann, sehe
ich auch alles.

Im Dschungel aber sehe ich nur noch Grün: Ich habe keine
Ahnung, wie all die Pflanzen heißen und was man alles mit
ihnen machen kann. Ich sehe einen grünen Baum, wo ein
Dschungelbewohner eine Art Colaautomaten sieht: eine
Kokospalme mit Gratispackungen Kokosmilch. Tropisches
Hartholz ist für mich auch nur ein grüner Baum, für den
Dschungelbewohner dagegen ein immer dicker werdender
Sack voll Geld. Ich sehe nur eine Bedeutung: »Es ist grün,
warm und feucht. Und ich will hier weg.« Für Tarzan dage-
gen ist der Dschungel wahrscheinlich das, was eine Ge-
schäftsstraße für mich ist: eine lange Reihe von Möglichkei-
ten und Bedeutungen.

Es ist eine Illusion zu glauben, die Welt hätte nur eine einzige Bedeutung und nur der Mensch würde diese Bedeutung
kennen. Die Welt hat mehrere Bedeutungen, von denen wir

aber nur eine sehen. Es ist auch eine Illusion zu glauben, Menschen, Kaninchen und Computer würden der Welt jemals dieselbe Bedeutung beimessen und einander jemals verstehen. Ich verstehe ja schon einen Chinesen kaum und er mich ebenso wenig. Und Menschen und Computer werden sich schon gar nicht verstehen. Aber das schmälert nicht die potenzielle Intelligenz so eines Geräts: Die Chinesen sind auch nicht von gestern.

Ich sehe was ...

Kann eine Maschine wahrnehmen?

Kaninchen können zwar nicht denken, oder kaum, aber sehen können sie ausgezeichnet. Deshalb bekommen wir sie in den Dünen auch so selten zu Gesicht. Bevor wir ein Kaninchen erspähen, hat es uns längst entdeckt und ist in seine Höhle geflitzt. Zum Unglück für das Kaninchen sieht ein Habicht aber noch besser. Der erkennt aus Dutzenden von Metern Entfernung auch die kleinste Bewegung im Gras und ist obendrein auch noch sehr schnell. Habicht, Kaninchen, Kühe und Schmeißfliegen – sie alle können sehen. Auch die dümmsten Tiere können sehen.

Und da auch die dümmsten Tiere sehen können, sollte man meinen, dass Sehen für den intelligenten Computer oder Roboter ein Kinderspiel ist. Aber weit gefehlt. Ein Computer hat kein Problem damit herauszufinden, dass noch zehn Bären in der Höhle sind, wenn anfangs 118 854 drin waren und dann 118 844 herausgekommen sind. Das Problem für den Computer besteht darin, Bären überhaupt zu erkennen.

Die Menge an Informationen, die über die Augen das Gehirn erreichen, ist gigantisch. Da kann keine digitale Kamera mithalten. Das ist praktisch, denn so entgeht uns nichts. Aber vor allem ist es unpraktisch. Weil wir den Wald vor lauter Bäumen nicht mehr sehen. Doch zum Glück sorgt unser Gehirn dafür, dass der Wald verschwindet und nur die wichtigen Bäume stehen bleiben. Insofern gleicht der visuelle Teil des Gehirns einem riesigen Sieb, das unwichtige Informationen aussondert. Und das alles, ohne dass wir etwas davon merken.

Die Augen (ebenso wie die Ohren und die anderen Sinnesorgane) sind die Wachposten und Kundschafter des Körpers. Sie passen auf, ob sich auch nichts Gefährliches nähert, und halten nach Glückstreffern Ausschau: ein Hunderter auf der Straße oder ein Schokoriegel.

Angenommen, ich muss auf einem großen Schiff, das zur Erforschung von Walen und Delphinen in See sticht, die Wachen organisieren. Es ist von größter Wichtigkeit, dass die Tiere sofort gesichtet werden. Um sicherzugehen, dass kein Wal oder Delphin übersehen wird, stelle ich alle fünfzig Zentimeter einen Wachposten an die Reling. Jeder bekommt ein Fernglas in die Hand gedrückt, mit der Anweisung, stur geradeaus zu schauen. So ist die Chance, dass kein Tier übersehen wird, am größten.

Wenn ich die Wahl habe zwischen einigen hundert dummen Matrosen an der Reling und dem allerklügsten Mann auf dem Schiff, der für sich allein seine Wachrunden dreht, dann entscheide ich mich für die dummen Matrosen. Der einzelne Mann mag noch so klug sein und noch so scharf Ausschau halten – ihm kann immer noch etwas entgehen, den vielen Matrosen aber nicht.

Genauso verhält es sich mit den Augen, den Wachposten des Körpers. Auf der Netzhaut des Auges, aber auch weiter im Innern des Gehirns, sitzen Nervenzellen, die jede für sich ein kleines Stück von der Außenwelt beobachten. Das einfachste biologische Sehsystem – bei Fliegen, Schnecken, Krabben und dergleichen – besteht aus einigen wenigen dieser Wache stehenden Matrosen. Sieht einer von ihnen etwas – einen sich bewegenden Fleck, etwas Rotes oder etwas, wonach er speziell Ausschau hält –, dann reagiert er, und das Tier tut etwas: zuschnappen oder weglaufen beispielsweise. Höher entwickelte Tiere wie wir haben Millionen solcher Matrosen. Und es gibt in unserem Gehirn auch Matrosen, die wieder andere Matrosen im Auge behalten. Dadurch, dass wir all die dummen Matrosen auf kluge Weise hintereinander stellen und einander anschauen lassen, sind wir in der Lage, komplizierte Dinge wahrzunehmen.

Maschinen aber sehen ganz anders. Die stellen nicht ein paar hundert dumme Matrosen an die Reling, die lassen den klügsten Mann auf dem Schiff für sich allein seine Wachrunden drehen.

Wir nehmen ein großes Stück schwarze Pappe und bohren ein Loch hinein. Wir halten die Pappe ein Stück von uns weg und schauen durch das Loch. Wenn es groß genug ist, sehen wir einen kleinen bunten Fleck. Mehr nicht. Jetzt bewegen wir die Pappe langsam von links nach rechts und von oben nach unten, sodass wir mit dem kleinen Loch gleichsam den ganzen Raum »abtasten«. Alles, was in dem Raum zu sehen ist, erscheint irgendwann in dem Loch.

Und trotzdem sehen wir nichts. Zumindest erkennen wir nicht, was es da zu sehen gibt. Für uns ist da nur ein großer Brei aus bunten Flecken, mehr nicht. Auch Roboter und Computer schauen gewissermaßen durch ein kleines Loch: »Ich sehe Rot, ich sehe wieder Rot, ich sehe immer noch Rot. Ich bewege mich schon eine ganze Weile nach rechts, aber alles bleibt rot. Da ist auf jeden Fall etwas Rotes. Jetzt ein Stück weiter nach unten. Es bleibt rot. Na, das ist ja eine Menge Rot! Ich weiß noch nicht, was da zu sehen ist, aber auf jeden Fall ist es groß und rot.« So würde ein Computer sehen. Ein Computer sieht durch Folgern. Wenn es hier rot ist und dort und dazwischen auch überall, dann ist das eine Masse Rot. Folgerungen dieser Art. Klar – im Folgern ist so ein Apparat ja gut.

Eine Maschine sieht wie ein Matrose, der allein auf einem großen Schiff Wache geht und immer nur einen kleinen Ausschnitt erkennt. Der Vorteil ist, dass dieser Matrose besonders schnell laufen kann (Dutzende von Runden pro Sekunde) und außerdem unglaublich klug ist. Aber wir Men-

Könnte die Vogelmutter ein bisschen besser
sehen, hätte sie erkannt, dass dieses Monster
unmöglich ihr eigen Fleisch und Blut sein kann.
(Wohlgemerkt: Das Vögelchen rechts oben ist die
Mutter, der Riese links das Kuckucksjunge.)

schen sehen anders. Wir sehen – zack! – auf einen Schlag ein
großes rotes Ding.

Warum ist eine Maschine da so schwerfällig? Weil noch
keine effizienteren Sehmaschinen erfunden worden sind. Die
einzige Maschine, die es einigermaßen schafft, ist der Com-

puter. Und ein Computer ist gut im Folgern und Rechnen, aber nicht im Sehen. Beim Gehirn ist es genau umgekehrt. Es ist ein hervorragender Sehapparat, aber keine so gute Folgermaschine.

Zwischen Folgern und Sehen besteht ein grundlegender Unterschied. Beim Folgern geht es um Perfektion: Drei minus zwei ist eins und nicht ungefähr eins, und John F. Kennedy war nicht *vielleicht* sterblich, sondern hundertprozentig. Wahrnehmung aber ist pragmatisch. Kaninchen gehen beim Sehen pragmatisch vor. Den Unterschied zwischen einem Grizzly- und einem Braunbären kennen sie nicht. Groß, braun und in Bewegung – das genügt ihnen, da rennen sie schnell weg.

Die ideale Folgermaschine besteht aus einem einzigen Rechenwerk, das Zahlen und Wörter aus einem Speicher holen, sie miteinander multiplizieren oder sonst etwas mit ihnen anstellen und sie dann in denselben Speicher zurückschreiben kann. Der ideale Sehapparat dagegen besteht aus einer gigantischen Menge geradeaus schauender kleiner Detektoren. Das ist etwas ganz anderes. So funktionieren Gehirne, und sie sind perfekte Sehapparate. Deshalb können auch die einfachsten Tiere noch prima sehen. Andererseits sind Gehirne alles andere als ideale Denkmaschinen. Eigentlich können Gehirne überhaupt nicht denken. Es gibt nur eine Gehirnart, die das ein bisschen kann, und das ist die des Menschen.

> Die ideale Sehmaschine besteht aus ein paar Millionen dummer Detektoren, die ideale Folgermaschine besteht aus einem rasend schnellen Rechenwerk. Ein Gehirn ist die ideale Sehmaschine, ein Computer ist der ideale Folgerapparat. Andersherum geht es auch, aber nicht so gut.

Dennoch ist es möglich, mit Hilfe eines Computers eine einigermaßen funktionierende Sehmaschine zu bauen. Man muss nur ein bisschen pragmatisch vorgehen. Wie in der Natur. Frösche schnappen einfach nach sich bewegenden kleinen Flecken. Und wenn die Spatzenmutter besser sehen könnte, hätte sie gemerkt, dass das Kuckucksjunge unmöglich ihr Kind sein kann. Aber Spatzen sehen alles andere als perfekt. Ein aufgesperrter Schnabel bedeutet für die schwer arbeitende Spatzenmutter »Futter rein«. Und Enten finden, dass Donald Duck einer Ente ähnlicher sieht als echte Enten: Stellt man eine Ente vor die Wahl zwischen einer maßlos übertriebenen Entenkarikatur und dem Bild einer ganz normalen Ente, entscheidet sie sich unfehlbar für Donald Duck. Trotzdem sehen Enten genug. Sie stoßen nie in der Luft zusammen, sie können prima auf dem Wasser landen, und sie können sogar unter Wasser sehen.

Eine perfekte Sehmaschine, die alles erkennt, gibt es nicht. Was müsste sie beispielsweise sehen, wenn ein Auto vor ihr auftaucht: ein Transportmittel aus Metall (in das sie nie im Leben hineinpasst, ganz zu schweigen davon, dass sie niemals den Führerschein erwerben wird)? Ein Versteck – wie es Autos für Katzen sind? Oder vielleicht ein Massengrab (wie es Autos für Mücken sind)?

Nach dem heutigen Stand der Technik ist es nicht möglich, einen Apparat zu bauen, der dieselbe Vielfalt an Gegenständen wahrnehmen kann wie wir. Aber wir können einen sehenden Roboter bauen, der auf etwas Bestimmtes spezialisiert ist. Einen Apparat zu konstruieren, der Enten von Kaninchen unterscheiden kann, dürfte mit ein wenig Tüfteln gelingen. Und einen Roboter, der Coladosen erkennt, auch. (Mir ist allerdings schleierhaft, wofür wir so einen Roboter brauchen sollten.)

Man gibt der Maschine eine kleine Kamera, mit der sie Videobilder ihrer Umgebung analysieren kann. Mit Hilfe einer recht einfachen Software sucht sie das Videobild nach einem großen weißen C auf rotem Grund ab. Perfekt funktioniert das natürlich nicht: Konkurrierende Colamarken kann der Apparat nicht unterscheiden, wenn es dunkel wird, sieht er überhaupt nichts mehr, und wahrscheinlich wird er das Foto einer Coladose für die Dose selbst halten. Aber wie gesagt: Allzu perfektionistisch sollte man nicht sein. Zur Sicherheit kann man der Maschine ja noch eine Nase mitgeben.

Aber sieht so ein Roboter wirklich Coladosen? Sehen scheint ja mehr zu sein als nur ein Reagieren auf eintreffende Signale. Wir sehen auch dann, wenn wir nicht reagieren können. Doch was unser Sehen nun eigentlich ist, bleibt unklar. Wir wissen nicht einmal, ob ein Kaninchen wirklich sehen kann. Zumindest aber kann so ein Tier in sinnvoller Weise auf die Dinge reagieren, die seine Netzhaut erreichen.

Ob ein Coladosen erkennender Apparat auf die gleiche Art sieht wie wir, bleibt fraglich. Doch immerhin erkennt er Coladosen, so wie Frösche Fliegen erkennen, und er sieht Coladosen, so wie Kaninchen Bären sehen. Das ist schon was. Ein Apparat, der auf eine Coladose zusteuert, sie aufnimmt, öffnet und austrinkt – oder ausschüttet: Ich erwarte nicht, dass Roboter Cola mögen –, sieht für meine Begriffe auf jeden Fall gut genug.

Die Bedeutung von Wörtern

Wir können keine Fragen stellen und keine Antworten geben, ohne Wörter zu gebrauchen

Jetzt wird es interessanter. Dass es Maschinen geben kann, die denken, lernen und sehen können, wollen wir gern glauben. Solche Maschinen sind noch keine wirkliche Bedrohung für den besonderen Platz, den der Mensch für sich selbst vorgesehen hat. Aber Maschinen mit Emotionen – gibt es die? Oder kann eine Maschine sich selbst kennen? Hat eine Maschine einen Willen? Kann eine Maschine leben? Und kann es Maschinen mit einem Bewusstsein geben? Diese Fragen werden uns im zweiten Teil dieses Buches beschäftigen.

Doch was ist Bewusstsein überhaupt? Was ist Wille? Was ist Leben, was sind Emotionen? Nicht ohne Grund müssen wir uns zunächst mit diesen Fragen befassen. Schwierige Fragen. Auf *eine* Antwort können wir uns zumindest einigen: Es sind Wörter. Das mag etwas albern klingen, aber wahr ist es zweifellos. »Bewusstsein«, »Wille« und »Emotionen« sind Wörter. Aus irgendwelchen Gründen haben wir diese Wörter eingeführt und gebrauchen sie. Doch warum gebrauchen wir Wörter, und was sind Wörter überhaupt?

Es mag vielleicht nicht die nächstliegende Frage für den Beginn des zweiten Teils dieses Buches sein, aber ich stelle sie trotzdem, weil sie für die folgenden Kapitel sehr wichtig ist: Was ist die Bedeutung von Wörtern?

Wörter für Gegenstände

Wenn ich mich in meinem Zimmer umschaue, sehe ich einen Stuhl. Das heißt ... ich sehe etwas, das ich »Stuhl« nenne. Aber ist es überhaupt ein Stuhl? Es sind vier Beine, eine gebogene Lehne und eine Sitzfläche. Das Polster auf der Sitzfläche hat einen Bezug aus Wollstoff mit einer verschlissenen Stelle, an der die Füllung hervorquillt. Wenn ich genauer hinschaue, sehe ich Fasern im Holz und da und dort kleine Holzwurmlöcher.

Wenn ich dieses komplexe Ganze aus Holz, Löchern und Wolle einfach mit dem Wort »Stuhl« bezeichne, ist das, ehrlich gesagt, eine etwas vorschnelle Verallgemeinerung. Ich bräuchte ein ganzes Telefonbuch voll Text, um alle Einzelheiten des Dings zu beschreiben, und dazu habe ich keine Lust. Ob dieses Telefonbuch viel zur Klärung beitragen würde, ist ohnehin fraglich. Hunderte von Seiten mit genauen Beschreibungen von Holzfasern, Wollbüscheln und Nägeln machen noch nicht deutlich, dass es sich um einen Stuhl handelt. Ich verwende daher einfach das Wort »Stuhl«.

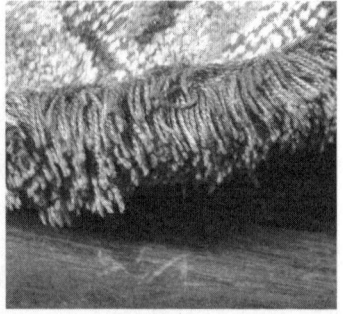

Das Wort »Stuhl« ist eine praktische
Zusammenfassung für eine komplexe Ansammlung
von Holz, Wolle und Nägeln.

Auf die gleiche Weise kann ich auch alle anderen Dinge in meinem Zimmer mit einem Wort benennen: das Bücherregal, den Fernseher, die Decke. Natürlich ist mein Zimmer viel mehr als das. Mein Zimmer ist nicht einfach nur eine eckige Schachtel mit allerhand Gegenständen darin. Es ist randvoll mit subtilen Details: den original Bleiglasfenstern, den Geräuschen von draußen, dem Feuchtigkeitsfleck an der Decke und vielem anderem mehr. Doch um mich nicht über all die subtilen Details verbreiten zu müssen, teile ich mein Zimmer in übersichtliche Stücke auf: den Stuhl, den Fernseher, die Decke und so weiter. Und jedem dieser Stücke gebe ich einen Namen: »Stuhl«, »Fernseher«, »Decke«. So funktioniert das: Wir zerteilen die Welt in Stücke und ordnen jedem dieser Stücke ein Wort zu. Auf diese Weise können wir über die Welt sprechen.

Man darf diese Stücke natürlich nicht allzu wörtlich nehmen, und jedes Stück besteht wieder aus anderen Stücken, mein Stuhl zum Beispiel aus Beinen, Sitz und Lehne. Und der Sitz besteht aus einem Polster aus Wollstoff, einer Füllung und so fort.

Baum, Rose, Fisch, Feuer. Wörter, die für Stücke der Welt stehen. Aber obwohl es die ersten Wörter waren, die ich in der Schule zu schreiben gelernt habe, ist nicht immer klar, wo die Grenzen der jeweiligen Stücke liegen. Ist ein gepfropfter Baum ein einziger Baum oder sind es zwei Bäume? Und wenn es zwei sind, wo hört dann der eine auf und wo beginnt der andere? Ist ein erloschenes Feuer, das wieder aufflammt, ein neues Feuer oder immer noch dasselbe? Und ist das Wollbüschel, das aus der Sitzfläche meines Stuhls quillt, noch Teil des Stuhls? Auch wenn es auf den Boden gefallen ist? Fragen, die zum Glück nicht sehr wichtig sind (außer für redefreudige Philosophen), die aber deutlich machen, dass die Grenzen der Stücke, in die wir die Welt aufteilen, nicht immer klar sind.

> Die Grenzen der Stücke, in die wir die Welt zerteilen und an denen die Wörter hängen, sind nicht immer klar.

Noch schwieriger wird es, wenn wir uns auf die Suche nach den Grenzen der Bedeutung eines Wortes machen: Wann wird beispielsweise ein Stuhl zur Bank? Ist ein Anderthalb-personenstuhl eine Bank? Und ein Zweipersonenstuhl? Ein Einpersonenstuhl ist mit Sicherheit ein Stuhl, und ein Drei-personenstuhl ist mit Sicherheit eine Bank. Aber dazwischen? Schwierig, aber zum Glück nicht so wichtig. Der Stuhl, auf dem ich sitze, ist der Stuhl, auf dem ich sitze. Der eine mag ihn für eine Bank halten, der andere für ein Sofa, aber es ist ein und derselbe Gegenstand. Und der Gegenstand verändert sich nicht mit den Wörtern, die wir für ihn gebrauchen.

Es gab einmal einen Papst, der entschied, dass Frösche Fische seien. Wahrscheinlich mochte er Fisch nicht besonders und wollte mit diesem Trick das bei den Katholiken obligatorische freitägliche Fischgericht umgehen. So konnte er freitags Froschschenkel essen. Warum auch nicht? Warum sollte man Frösche nicht zu den Fischen rechnen? Den Fröschen wäre das schnurz (dass sich der Papst an ihren Schenkeln gütlich tat, fanden sie allerdings wohl weniger schön). Die Idee, dass Frösche Fische sind, ist an sich nicht falsch. Es kommt nämlich ganz darauf an, worauf man sich in der Frage, was Fische sind, geeinigt hat. Definiert man Fische so, dass sie ihre Eier im Wasser ablegen und gut schwimmen können, dann sind Frösche Fische. Einigt man sich aber darauf, dass Fische Kiemen haben, dann sind Frösche keine Fische.

Und weiter: Was sind »Kiemen«, was sind »Eier«, und was ist »Schwimmen«? Verrückt werden könnte man da. Es ist alles eine Frage der Vereinbarung. Ein einziger großer Versuch des Menschen, die Welt besprechbar zu machen, aber die Welt selbst kümmert das nicht groß.

> Es ist nicht immer klar, auf welches Stück der Welt ein Wort verweist. Oder anders ausgedrückt: Die Bedeutung eines Wortes ist nicht immer klar.

Es ist schon eine reichlich subjektive Angelegenheit, dieses Aufteilen der Welt in Stücke und das Erfinden von Wörtern dafür. Man frage mal einen Holzwurm, wie er den Stuhl in meinem Zimmer beschreiben würde. Vermutlich als einen Palast oder eine Stadt. Mit schlechten und guten Gegenden. Mit Vierteln, in denen er noch nie gewesen ist, die er aber vom Hörensagen kennt. Und mit Schnellstraßen von einem Ende zum anderen. Ein Stuhl ist zum Wohnen da, zum Fressen und zum Sitzen. Und alles trifft zu. Die Wörter, die wir gebrauchen, um über die Welt zu sprechen – unsere Welt –, sagen ebenso viel über uns aus wie über die Welt selbst.

> Das Aufteilen der Welt in Stücke und das Koppeln von Wörtern an diese Stücke beruht auf Vereinbarungen – Vereinbarungen unter Menschen.

Als Gymnasiast habe ich in einem kleinen Supermarkt gearbeitet. Damals konnte die Auffüllkraft noch selbst bestimmen, wie der Laden eingeteilt wurde. Leider. Denn wohin mit den Hustenpastillen? Zu den Süßigkeiten direkt an der Kasse? Oder zu den Drogeriewaren im hinteren Teil des Ladens? Ich war ratlos. Als stünde ich vor einem echten Problem.

Das Problem war weniger, dass ich nicht wusste, ob die Hustenpastillen zu den Süßigkeiten oder zu den Drogeriewaren gehörten. Das Problem war, dass ich eine solche Einteilung als gegeben hinnahm. Ich dachte allen Ernstes, Hustenpastillen müssten zur einen oder zur anderen Kategorie gehören. Ich wusste nur nicht, zu welcher. Ich machte mir nicht klar, dass die Einteilung in Süßigkeiten, Drogeriewaren, Molkereiprodukte, Obst und Gemüse, Putzmittel und so weiter nur ein menschlicher Versuch ist, so einen Laden übersichtlicher zu machen. Ohne eine solche Einteilung wäre er ein einziger Wust, durch den man sich nicht durchfände. Aber es ist und bleibt eine menschliche Einteilung. Hustenpastillen sind keine Süßigkeiten und auch keine Drogeriewaren. Hustenpastillen sind Hustenpastillen.

Und nicht mal das. Die Dinger in der Dose sind gar keine Hustenpastillen. Ich nenne sie nur so. Sie sind das, was sie sind. Aber da wird es etwas komplizierter.

Noch mehr Wörter

Stühle existieren. Man kann darauf sitzen, man kann sie anstreichen, und man kann ihnen einen Tritt versetzen. Stühle sind physische Objekte mit eindeutiger Anwesenheit in der Welt. Aber wie steht es mit nicht physischen Dingen? Der Äquator zum Beispiel – existiert der?

Äquator – ein zweckmäßiger Begriff. Man kann die Erde damit in zwei Hälften teilen. Dank dem Äquator gibt es die Südhalbkugel. Und Schiffsbesatzungen feiern, wenn sie ihn überqueren. Schwieriger wird es, wenn man das Wort »Äquator« nicht benutzen darf. Es finden zwar selten Gespräche statt, in denen das Wort »Äquator« vorkommt, aber stellen wir uns mal vor, wir möchten es benutzen und dürfen nicht. Dann haben wir ein Problem.

Existiert der Äquator überhaupt? Schwierige Frage. Wenn er existiert, dann existiert er auf andere Art als mein Stuhl. Man kann den Äquator nicht sehen und nicht hochheben, und man kann ihm auch keinen Tritt versetzen. Was immer der Äquator ist: Ein physisches Objekt ist er nicht. Eine Expedition zum Äquator wäre daher zum Scheitern verurteilt. Alles Suchen wäre vergeblich, man würde ihn nicht finden.

Als Kind hat mir das ziemlich zu schaffen gemacht. Irgendwie stellte ich mir vor, es müsste eine dicke schwarze Linie durch den Urwald laufen – wie sollte man sonst vom Äquator reden können? Doch mit der Zeit gewöhnte ich mich daran: Es gibt Wörter, die überaus praktisch sind, sich aber auf Dinge beziehen, die gar nicht zu existieren scheinen.

Von der Sorte gibt es eine ganze Menge, »Lohn«, zum Beispiel. Schon mal einen Lohn gesehen? Höchstens als Zahl auf einem Lohnstreifen, aber nicht in Form eines Berges von Geld (von dem einen oder anderen Tagelöhner mal abgesehen). Und kann ich meinen Lohn hochheben? Und was ist mit »Liebe«? Schon mal die Liebe angefasst oder frisch gestrichen?

Schwierige Wörter, die klarmachen, dass der Äquator, die Liebe und der Lohn auf andere Art existieren als mein Stuhl. Aber zu sagen, dass sie überhaupt nicht existieren, würde mir zu weit gehen. Ich habe täglich mit Lohn und zum Glück auch mit Liebe zu tun. Ich finde sie ziemlich real, obwohl ich sie nicht anfassen kann.

> Manche Wörter verweisen zwar nicht auf deutlich sichtbare Stücke der Welt, aber die Dinge, auf die diese Wörter verweisen, können trotzdem existieren.

Ich persönlich bin, ehrlich gesagt, der Meinung, dass Liebe, Lohn und mein Stuhl alle drei gleich real sind. Aber vor allem gleich unreal. »Stuhl« ist in erster Linie ein Wort, mit dessen Hilfe man über die Welt reden kann. Diese schrecklich komplexe Welt, die uns umgibt, und von der wir ein Teil sind. Genau solche Wörter sind »Liebe« und »Lohn«. Genauso real und unreal. Doch das nur nebenbei.

Stellen wir uns vor, wir besichtigen eine Fabrik. Sagen wir mal, eine Knackwurstfabrik. Wir laufen in der Fabrik herum und versuchen nach Möglichkeit zu verstehen, was dort geschieht. Das gelingt uns auch, obwohl es eine hochkomplizierte Fabrik mit allen möglichen Maschinen und Apparaten ist. Schweine werden angeliefert, die nach einer einfachen medizinischen Untersuchung betäubt und dann durch einen Stromstoß getötet werden. Nachdem sie zerkleinert worden sind ... und so weiter und so weiter. Bis die Würstchen in etikettierten Dosen in Kartons auf einem Fließband die Fabrik verlassen.

Mit solchen Sätzen können wir erklären, was in der Fabrik vor sich geht. Wir zerteilen die Fabrik in überschaubare Stücke – Fließbänder, Maschinen, Dosen und Schweine. Und mithilfe der Sprache fassen wir die Beziehungen zwischen diesen Stücken in Worte: »Die Schweine kommen in die Fabrik. Eine große Maschine zerkleinert sie. Die Etiketten kommen auf die Dosen.«

Eine Wurstfabrik lässt sich prima mit Wörtern beschreiben. Das liegt daran, dass die Wurstfabrik schon an sich eine wunderbar strukturierte Sache ist. Man kann sie sehr schön in klar voneinander abgegrenzte Stücke aufteilen, und die Beziehungen zwischen diesen Stücken lassen sich gut in Worte fassen. Das Fließband ist deutlich sichtbar, und dass die Schweine zunächst getötet und erst danach zerkleinert werden, versteht sich von selbst. Sprache ist ebenfalls fein säuberlich strukturiert, denn sie hat grammatikalische Regeln. Deswegen passen Sprache und Knackwurstfabriken auch so gut zusammen.

Doch nicht alles ist so schön systematisch wie eine Wurst-fabrik. Ein Gemälde zum Beispiel. Man beschreibe mal das offizielle Porträt von Königin Beatrix. »Der obere Teil besteht hauptsächlich aus quer verlaufenden rötlichen Farbstrichen«? Oder: »Rot, Weiß, Blau, mit einem Gesicht in der Mitte«? Das haut alles nicht hin. Zudem schaut Beatrix etwas herausfordernd aus dem Bild heraus. Aber worin genau äußert sich das? Im Grunde kann man unmöglich beschreiben, was auf dem Bild zu sehen ist. Es gibt nur eine Beschreibung, die hundertprozentig hinhaut, nämlich das Bild selbst.

Ein Gemälde ist viel schwerer in Worte zu fassen als eine Knackwurstfabrik. Es ist etwas viel Kapriziöseres. Aber irgendwie muss ich doch über ein Gemälde reden können!

> Einige Teile der Welt sind durch Sprache leichter zu beschreiben als andere.

Das offizielle Porträt von Königin Beatrix

Wie kommt es nun, dass Beatrix auf dem Bild so herausfordernd schaut? Das Bild besteht doch aus nichts weiter als Farbklecksen!

Das stimmt nicht. Das Bild besteht keineswegs aus Farbklecksen, es besteht aus Pigmentpartikeln, die in einer ölartigen Flüssigkeit gelöst sind. Doch auch das stimmt nicht ganz, denn das Gemälde besteht aus Molekülen. Und eigentlich sind es auch gar keine Moleküle, sondern nur Protonen, Elektronen und Neutronen. So könnte ich noch eine Weile weitermachen.

Natürlich sind da Moleküle, und diese Moleküle sind real. Und die Farbe ist ebenfalls real. Es sind auch reale Flecke auf der Leinwand. Das Gesicht auf dem Bild ist genauso real. Das alles ist richtig. Aber die eine Wahrheit schließt die andere nicht aus. Mein Stuhl ist ja auch real, und er besteht real aus Holz, Wolle und Nägeln, die wiederum aus realen Molekülen bestehen. Es ist ein Gemälde aus Molekülen, es ist ein Gemälde aus Farbklecksen, und es ist das Gemälde eines Gesichts. Eines interessanten Gesichts. All das ist wahr, und all das ist real.

Man denkt vielleicht automatisch, dass die Farbflecke »realer« sind als das Gesicht, aber warum sollte das so sein? Ein Zehn-Euro-Schein ist ja auch nicht realer als der Lohn, und eine Valentinskarte ist auch nicht realer als die Liebe.

Man kann die Dinge unterschiedlich ausdrücken: Physische Begriffe (wie »Farbfleck« und »Molekül«) sind nicht »realer« oder »wahrer« als abstrakte Begriffe (wie »Anblick« und »hübsch«).

Aber wie verhält es sich nun mit geistigen Eigenschaften wie Wille, Emotion und Bewusstsein? Was sind das für Wörter, und auf welche Weise existiert das, was sie bezeichnen?

Vorstellbar wäre, dass Wille, Emotion und Bewusstsein als nachweisbare Dinge im Kopf existieren, dass es im Gehirn so etwas wie ein Willensmodul oder Bewusstseinsneuronen gibt. Dass man den Willen im Gehirn lokalisieren und sagen kann, welche Gehirnzellen oder anderen Teile des Gehirns am Willen beteiligt sind. »Tief in unserem Gehirn verborgen sitzt ein Willenszentrum mit einer besonderen Art von Neuronen. Diese Neuronen sorgen dafür, dass wir einen freien Willen haben.« So ähnlich. Mag sein, klingt aber ein bisschen wie das Szenario, in dem der Äquator als dicke schwarze Linie durch den Urwald läuft. Als ob der Wille und der Äquator etwas Physisches bräuchten, um wirklich existieren zu können.

Im Grunde unterstellen wir damit, dass das Gehirn genauso klar strukturiert ist wie eine Knackwurstfabrik. Um die Prozesse in einer Knackwurstfabrik zu beschreiben, gebrauchen wir Wörter wie »Fließband«, »Schweine« und »Etiketten«. Und diese Dinge finden wir in der Fabrik auch wirklich vor. Wir können sehen, wie die Schweine auf das Fließband kommen, und wir können sehen, wie die Dosen etikettiert werden. Und genauso gehen wir davon aus, dass Dinge wie »Wille« und »Bewusstsein« im Gehirn zu finden sind.

Nur ist unser Gehirn, wie gesagt, nicht so klar und systematisch strukturiert wie eine Fabrik. Das Gehirn ist eher so kapriziös und komplex wie ein Gemälde. Um das Porträt von Beatrix zu beschreiben, gebrauchen wir das Wort »Gesicht«, und dieses Gesicht ist real. Aber wir dürfen nicht versuchen, das Gesicht in dem Bild aufzuspüren. Welche Farbkleckse das Gesicht bilden und welche nicht, lässt sich unmöglich sagen. Genauso ist es meiner Meinung nach mit unserem Geist. Er ist real, aber man darf ihn nicht im Gehirn suchen, und es lässt sich unmöglich sagen, welche Gehirnzellen und -regionen an unserem Willen, unseren Emotionen und unserem Bewusstsein beteiligt sind.

> Um zu entscheiden, ob jemand über Geist verfügt – mit Willen, Gefühl und Gedanken –, braucht man nicht in seinem Gehirn nachzusuchen. Wenn »Wille«, »Gefühl« und »Gedanken« für uns zweckmäßige Wörter sind, um jemanden zu beschreiben, dann hat dieser Jemand Geist. Realer kann Geist nicht werden.

Der eiserne Wille

Hat eine Maschine einen Willen?

In der Schule lernte ich, dass Wasser immer zum tiefsten Punkt will. Das fand ich sehr verwirrend: Kann Wasser denn etwas wollen? Und kann es dann auch etwas anderes wollen?

Inzwischen weiß ich es besser und werde mich hüten zu behaupten, dass Wasser alles Mögliche will – viel zu verwirrend. Andererseits behaupte ich, dass mein Nachbar den Rasen mähen will, dass ich selbst ein Bierchen will und dass Kaninchen eine Möhre wollen. Was ist dieser Wille genau? Wann hat man ihn und wann nicht? Und kann auch eine Maschine einen Willen haben?

Ob etwas oder jemand einen Willen hat, ist eine sehr wichtige Frage. Es gibt auch willenlose Menschen. Ein Verrückter, der nicht anders kann als anderen den Schädel einzuschlagen, kann nichts dagegen tun und will es im Grunde auch gar nicht. Er ist Opfer einer unzweckmäßigen Maschinerie in seinem Kopf, und wir sagen, dass er für seine Taten nicht verantwortlich ist. Angenommen, Maschinen hätten einen Willen. Wären sie dann für ihr Verhalten verantwortlich?

Tierwille

Ich kann zwar nicht genau in Worte fassen, was mein Wille ist, aber dass ich einen habe, steht fest. Ich spüre meinen Willen tagtäglich, wenn ich wieder mal alles Mögliche will und zu wenig Zeit dafür habe. Wenn ich kochen, arbeiten, ein Buch schreiben will. Zu viel jedenfalls. Und ich bin nicht der Einzige, der einen Willen hat. Ich gehe davon aus, dass die meisten Menschen einen Willen haben – obwohl ich den Willen der anderen nicht spüren kann. Die Frau, die im Begriff ist, einen Fuß auf den Zebrastreifen zu setzen, *will* über die Straße. Und Kinder *wollen* Geschenke vom Weihnachtsmann.

Ich kann ihren Willen nicht spüren, aber ich verstehe ihr Verhalten nur, wenn ich davon ausgehe, dass sie – so wie ich – einen Willen haben. Wie sonst sollte ich das Gejohle der Kinder und die Schritte der Frau über die belebte Straße verstehen können? Aber haben auch Tiere einen Willen?

Die Dame rechts will die Straße überqueren.
Ich kann zwar ihren Willen nicht spüren, und
ich kann ihr Gehirn nicht scannen,
aber sie will eindeutig etwas.

Das ist die erste Frage. Anschließend wenden wir uns den Maschinen zu.

In Wassergräben und Teichen leben so genannte Augentierchen. Das sind Wasserlebewesen, die nicht einmal einen Millimeter groß sind. Sie schwimmen ein bisschen herum und fressen kleine, im Wasser schwebende Partikel. Sie schwimmen aber nicht mit Beinen oder Flossen – sie haben gar keine –, sondern mit einem Haar. Einem einzigen Haar. Mit diesem Haar schnellen sie sich vorwärts und bewegen sich auf diese Weise durchs Wasser.

Das Lustige an den Tierchen ist, dass sie immer zum Licht hin schwimmen. Leuchtet man mit einer Taschenlampe ins Wasser, versammeln sie sich im Lichtstrahl der Lampe. Augentierchen *wollen* ans Licht, könnte man sagen.

Neugierig auf die inneren Mechanismen dieser Tiere, lege ich eines davon unters Mikroskop. Ich schneide es vorsichtig auf und schaue nach, was es da alles zu sehen gibt. Und da mache ich die bestürzende Entdeckung, dass es gar kein Gehirn hat! Augentierchen haben kein Gehirn. Augentierchen bestehen nur aus einer einzigen Zelle. Eine Zelle mit einem Haar – das ist alles, woraus so ein Tier besteht.

Wie ist das möglich? Wie kann das Tier ans Licht schwimmen, wenn es überhaupt kein Gehirn hat?

Dort, wo das Haar aus dem Körper des Augentierchens sprießt (aus seiner einzigen Zelle also), befindet sich eine lichtempfindliche Stelle. Man könnte diese Stelle auch ein primitives Auge nennen (daher der Name des Tiers). Das Pigment an der lichtempfindlichen Stelle beeinflusst die Bewegungen, die das Haar macht, und deshalb schwimmt das Tierchen immer in Richtung Licht.

Aber dann *will* ein Augentierchen ja gar nicht ans Licht! Es hat gar keine Wahl, es ist einfach so beschaffen, dass es sich von selbst zum Licht hin bewegt. Wie das Wasser, das angeblich zum tiefsten Punkt will, aber auch keine Wahl hat.

Augentierchen haben keinen Willen! Und wo sollte dieser Wille auch sitzen – sie haben ja kein Gehirn.

Aber nehmen wir mal meinen Papagei. Ich habe einen Papagei, und wenn ich von der Arbeit nach Hause komme, beginnt er mit dem Schnabel an seiner Käfigtür zu rütteln. Er hat Hunger und will Erdnüsse. Aber *will* er wirklich Erdnüsse? Hat mein Papagei einen Willen – im Gegensatz zu den Augentierchen?

Um das herauszufinden, lasse ich ihn von zwei Biologen untersuchen. Der eine beobachtet ihn von außen und studiert sein Verhalten. Der andere schneidet meinen Papagei auf und untersucht ihn von innen. (Gehen wir mal davon aus, dass er vorsichtig ist und hinterher alles wieder in Ordnung bringt. Ich finde die Wissenschaft ja sehr schön, aber meinen Papagei opfere ich ihr nicht.)

Nach mehrwöchigen Untersuchungen berichtet der erste Biologe, dass er jetzt alles über meinen Papagei weiß: wie lange er schläft, dass er ununterbrochen schwatzt, auch wenn niemand in der Nähe ist, der ihn hören könnte, und was seine Lieblingsmusik ist. Zudem, so meint der Biologe, deutet alles darauf hin, dass mein Papagei einen Willen hat: »Ich kann natürlich nicht in seinen Kopf hineinschauen, aber alles spricht dafür, dass der Papagei Erdnüsse *will*. Ich wüsste nicht, wie ich sein Verhalten erklären sollte, wenn ich das Wort ›wollen‹ nicht gebrauchen dürfte.«

Der zweite Biologe benötigt mehr Zeit. Er untersucht jedes Fitzelchen meines Papageis. Alles, alles, alles, was sich in meinem Papagei abspielt, hält er fest. Bis in die kleinste Einzelheit. Nach ein paar Jahren ist er damit fertig (zum Glück können Papageien sechzig werden …). Triumphierend erklärt er, dass sich der erste Biologe geirrt hat: Mein Papagei hat keinen Willen.

»Es *scheint*, als hätte der Papagei einen Willen, wenn er mit dem Schnabel an seiner Käfigtür rüttelt«, so der zweite

Biologe. »Aber so ist es nicht. Die Sache verhält sich anders. Nach vier Uhr nachmittags ist der Spiegel eines bestimmten Hormons im Blut des Papageis so weit abgesunken, dass eine Drüse in seinem Gehirn dazu angeregt wird, mehr Neurotransmitter zu produzieren, eine wichtige Substanz im Gehirn. Dadurch werden bestimmte Neuronen im Gehirn des Papageis besonders empfindlich. Speziell ein paar Gehirnzellen in der Region mit der Nummer …« So geht das stundenlang weiter. »Ich vereinfache natürlich stark. Um genau zu erklären, was in deinem Papagei vor sich geht, wenn er mit dem Schnabel an seiner Käfigtür rüttelt, bräuchte ich Tage. Es verändert sich auch ständig etwas. Einmal sind etliche Gehirnzellen abgestorben, und ich musste meine ganze Beschreibung korrigieren. Meine Befunde haben noch so viele Lücken, dass ich den Papagei noch jahrelang untersuchen könnte. Aber eins steht fest: Das Gehirn deines Papageis ist so beschaffen, dass er gar nicht anders kann, als an seiner Käfigtür zu rütteln. So wie Wasser nicht anders kann, als nach unten zu fließen. Dein Papagei hat keinen Willen.«

Welcher der beiden Biologen hat nun Recht? Hat mein Papagei einen Willen, oder hat er keinen? In gewissem Sinne haben beide Recht. Was der zweite Biologe sagt, klingt äußerst überzeugend und hoch wissenschaftlich. Trotzdem ist es zweckmäßig, auch weiterhin das Wort »Wille« zu gebrauchen, wenn ich beim Nachhausekommen meinen Papagei an der Käfigtür rütteln sehe. Wie soll ich es sonst ausdrücken?

Lieber sage ich »der Papagei will fressen«, als dass ich einen halbstündigen Sermon von mir gebe, bei dem ich nach fünf Minuten den Faden verliere. Noch interessanter wird die Sache, wenn es um Löwen geht statt um Papageien. Will ich mir auf einer Safari ein Rudel Löwen aus der Nähe ansehen, kann ich nur hoffen, dass der Führer nicht der zweite Biologe ist. Ehe ich auch nur anfange zu verstehen, was er mir erklärt, ehe ich kapiere, dass der Löwe fressen *will*, bin ich schon der Dumme.

> Es ist zweckmäßig, das Wort »Stuhl« zu gebrauchen anstelle von komplizierten Ausführungen über hölzerne Beine, eine Lehne und eine Sitzfläche. Und es ist auch zweckmäßig, das Wort »Wille« zu gebrauchen anstelle von komplizierten Ausführungen über Gehirnzellen, Neurotransmitter und Hormonspiegel.

Wenn ich mich kurz fassen will, sage ich vernünftigerweise, dass mein Papagei einen Willen hat. Will ich aber eine Gehirnoperation an meinem Papagei durchführen, ist es vernünftig, ein paar Worte mehr über sein Gehirn zu verlieren. Ich muss die sinnvollste Form wählen.

Aber ich möchte doch noch einen Schritt weiter gehen. Der zweite Biologe hat nämlich nicht Recht! Seine Ausführungen über die Gehirntätigkeit meines Papageis mögen zwar zutreffen, aber dass mein Papagei keinen Willen hat, stimmt nicht. Biologe Nummer zwei kommt zu dem Schluss, dass das Verhalten des Papageis einer komplizierten Gehirnmaschinerie entspringt, dass der Papagei keine Wahl hat und dass er mit dem Schnabel an der Käfigtür rütteln muss, weil er so programmiert ist. »Das Verhalten des Papageis erklärt sich durchweg aus seiner Gehirntätigkeit, also hat er keinerlei Willen«, folgert der zweite Biologe.

Doch damit sagt er genau das Gleiche wie jemand, der behauptet, auf dem offiziellen Porträt von Königin Beatrix sei überhaupt kein Gesicht zu sehen: »Das Gemälde besteht lediglich aus Farbflecken. Von wegen Gesicht.« Dass das nicht stimmt, wissen wir inzwischen. Das Bild von Beatrix besteht tatsächlich aus Farbflecken, und es besteht auch aus Molekülen, aber ein Gesicht ist trotzdem darauf zu sehen. Ein reales

Gesicht. Und in gleicher Weise besteht das Gehirn meines Papageis tatsächlich aus allerlei Neuronen und Verbindungen, es besteht auch aus Molekülen, und es hat auch einen Willen. All das ist gleich wahr.

Mein Papagei hat also wirklich einen Willen, weil es zweckmäßig ist, das Wort »Wille« zu gebrauchen, wenn ich von meinem Papagei rede. Aber hat dann das Augentierchen von vorhin nicht doch einen Willen? Wir haben immerhin gesagt, dass es zum Licht hin schwimmen »will«. Offensichtlich erscheint es uns zweckmäßig, auch beim Augentierchen das Wort »Wille« zu gebrauchen, und das, obwohl es überhaupt kein Gehirn hat! Schwierige Sache, aber im Grunde nicht so wichtig. Die Debatte über die Frage, welches Tier einen Willen hat und welches nicht, erinnert an die Debatte darüber, wann mein Stuhl zur Bank wird oder meine Bank zum Stuhl. Für mich steht fest, dass ich einen Willen habe und dass auch mein Papagei einen Willen hat. Fest steht außerdem, dass ein Apfel oder eine Banane keinen Willen haben. Aber wo genau fängt der Wille an …?

> Der Wille meines Papageis ist genauso real wie Gehirnzellen, Neurotransmitter und Hormonspiegel.

Menschenwille

Wenn ich von meinem Papagei spreche, ist es sinnvoll, das Wort »Wille« zu gebrauchen. Das spart eine Menge Zeit und umständliches Geschwafel. Ich sage einfach, er »will« fressen, und damit ist der Fall erledigt. Für mich ist dieser Wille des Papageis dann, ehrlich gesagt, auch »real«. Realer kann er nicht mehr werden.

Trotzdem scheint es, als wäre der Wille, über den wir Menschen verfügen, noch realer. Wenn ich ein Bier trinken will, spüre ich diesen Willen ganz deutlich. Und wenn ich ein Buch schreiben will, auch. Mein Wille ist nicht einfach nur ein Wort, mit dem ich über mich selbst sprechen kann, so wie der Wille eines Papageis ein Wort ist, mit dem ich über den Papagei sprechen kann. Mein Wille ist real!

Eigentlich soll davon erst in einem der nächsten Kapitel die Rede sein. Aber ich kann hier schon mal einen Zipfel des Schleiers lüften und sagen, dass mein Wille für mich genauso real ist wie der Wille meines Papageis. Vielleicht fühlt sich mein Wille realer an, und vielleicht bin ich der festen Überzeugung, dass mein Wille mehr ist als nur ein Wort, mit dem ich über mich reden kann. Die Frage ist jedoch, wie das kommt. Bin ich dieser Überzeugung, weil ich tatsächlich einen realeren Willen habe, oder bin ich dieser Überzeugung aufgrund der Art und Weise, wie wir zu unseren Überzeugungen gelangen …? Doch davon später mehr.

Einige Kapitel weiter vorn sind wir einer superintelligenten Wissenschaftlerin vom Mars begegnet. Die Dame konnte blitzschnell das Gehirn eines Menschen scannen und auf diese Weise analysieren, was sich in seinem Kopf abspielt. So konnte sie zum Beispiel sehen, wie sein Gehirn ein kompliziertes Rätsel löst. In seinem Kopf lief eine mechanische Prozedur einander an- und ausschaltender Gehirnzellen ab, und schließlich fand er die Lösung des Rätsels. Für die Wissenschaftlerin vom Mars war dieser Mensch zwar eine hundertprozentig vorhersehbare Maschine, aber sie musste zugeben, dass er wirklich intelligent war. Immerhin konnte er ja das Rätsel lösen.

Dieselbe Wissenschaftlerin scannt nun mit ihren bionischen Augen einen Mann, der im Begriff ist, an einem Zebrastreifen die Straße zu überqueren. Sie tut das blitzschnell und analysiert auch gleich, was sich im Kopf des Mannes abspielt – die superintelligente Wissenschaftlerin ist nicht nur superintelligent, sondern dazu noch ungeheuer schnell. Nach einiger Zeit hat sie das Gehirn des Mannes komplett gescannt und weiß genau, was der Mann vorhat: Er wird einen Fuß vor den anderen setzen – das ist an seiner Gehirntätigkeit deutlich zu erkennen – und sich auf diese Weise über die Straße bewegen. Doch so schnell die Wissenschaftlerin auch sein mag: Bis sie herausgefunden hat, was der Fußgänger plant, ist er vermutlich längst auf der anderen Straßenseite angelangt und in einem Geschäft verschwunden.

Bald hat die superintelligente Wissenschaftlerin vom Mars die Nase voll von dem Theater. Jedes Mal braucht sie Stunden, um zu analysieren, was jemand vorhat, und weitere Stunden, um ihre Erkenntnisse in Worte zu fassen. »Nächstes Mal sage ich einfach, der Typ *will* über die Straße. Dann hab ich den ganzen Ärger vom Hals. Obwohl ich natürlich weiß, dass diese Erdlinge keinerlei Willen haben«, beschließt sie. Sehr vernünftig von ihr.

Sie merkt, dass sie jetzt viel schneller und effizienter über Menschen sprechen und Vorhersagen über sie treffen kann als vorher. Rasch gewöhnt sie sich an das praktische Wort »Wille«. »Sieh mal, die Kinder da wollen Geschenke vom Weihnachtsmann, deswegen johlen sie so. Und der Mann dort in dem Straßencafé will einen Schluck von seinem Bier trinken.« Sie gewöhnt sich immer mehr daran und vergisst sogar, dass sie einmal der Meinung war, die Menschen hätten keinen Willen. Und nach ein paar Jahren hat sie sich vollends daran gewöhnt: Die Menschen haben einen Willen.

»Ach, wissen Sie«, sagt sie später in einem Interview, »ich weiß offen gestanden nicht, ob die Erdlinge einen Willen haben oder nicht. Anfangs dachte ich noch, ich bräuchte nur ein Wort, um effizient über diese Wesen sprechen zu können. Aber vor einigen Jahren las ich einen Artikel von einem noch intelligenteren Wissenschaftler aus einem anderen Planetensystem. Dieser Wissenschaftler behauptete, dass nicht einmal ich – die Gescheiteste vom Mars – wirklich einen Willen hätte. Er sei in der Lage, mein Gehirn zu scannen, und könne genau vorhersagen, was ich tun würde. Aber ehrlich gesagt interessierte mich das gar nicht besonders. Was kümmerte es mich, dass dieser Wissenschaftler das alles konnte? Für mich ist mein Wille real, und damit bin ich zufrieden. Durch den Artikel wurde mir aber klar, dass es für die Erdlinge das Gleiche ist: Was kümmert es sie, dass ich ihr Gehirn scannen kann – ihr Wille ist real. Und das gilt natürlich auch für Computer und Roboter, deren Gehirne wiederum die Erdlinge scannen können. Ihr Wille ist ebenfalls real. Ob realer oder scheinbarer Wille: Im Grunde macht es keinen Unterschied.«

> Sollte es jemanden geben, für den wir ein offenes Buch sind, für den wir im Grunde nicht mehr sind als ein besonders kompliziertes Programm, so tut das unserem Willen keinen Abbruch.

Materie versus Nichtmaterie

Aber das alles klingt noch immer etwas unglaubwürdig: dass mein Papagei einen Willen haben soll, weil man so besser über die Dinge sprechen kann. Irgendwie ist es, als wäre der Wille des Tieres weniger real als sein Gehirn. Das Gehirn des Papageis kann ich schließlich anfassen, den Willen aber nicht.

Materielle Dinge wie Stühle, Tische und Gehirne halten wir sofort für real, bei abstrakteren Dingen aber, die man nicht direkt anfassen oder sehen kann, sind wir vorsichtiger. Beim

Äquator beispielsweise: Gibt es den Äquator? Im Urwald ist er nirgends zu sehen. Oder Lohn – den bekommt man, aber man fühlt ihn nicht. Und den Willen des Papageis kann man natürlich auch nicht sehen.

Trotzdem ist die Unterscheidung zwischen materiellen und immateriellen Dingen etwas gewollt. Gibt es Wasser? Ich denke schon. Wenn etwas materiell ist, dann Wasser. Es gibt ja auch den Fluss Schelde: nichts als Wasser. Doch wo beginnt die Schelde, und wo endet sie? Ist die Oosterschelde noch Teil der Schelde? Und wenn ich alles Wasser der Schelde gegen das Wasser der Maas austausche, wird die Schelde dann zur Maas? Es sieht so aus, als sei die Schelde etwas Materielles, das ebenso real existiert wie ein Stuhl, aber wenn man länger darüber nachdenkt, wird es kompliziert. Ist die Schelde überhaupt etwas Materielles, oder ist sie vielleicht nur ein Wort? Existiert die Schelde dann vielleicht gar nicht wirklich?

Ich bin da flexibel: Für mich existiert die Schelde. Auch der Äquator existiert, wenn auch nicht als schwarze Linie quer durch den Urwald. Und so existiert für mich auch der Wille des Papageis.

Materielles und Nicht-Materielles gehen ineinander über. Es gibt keinen eindeutigen Unterschied zwischen ihnen, und wir werden kaum behaupten können, dass das eine existiert und das andere nicht. Wir haben Recht, wenn wir sagen, dass das Gehirn existiert (wobei wir uns allerdings darüber im Klaren sein müssen, dass die Einteilung unseres Körpers in die verschiedenen Organe, darunter das Gehirn, ziemlich subjektiv ist). Wir haben für meine Begriffe auch Recht, wenn wir behaupten, dass Liebe, Hoffnung und Wille existieren. Ihre Existenz spüren wir deutlich. Obwohl wir die Liebe, die Hoffnung und unseren Willen nicht anfassen und nicht sehen können, sind wir der Meinung, dass sie existieren. Und letzten Endes sehe ich keinen Grund, weshalb wir behaupten sollten, es gäbe unter Papageien keine Liebe; es gibt ja auch ihren Willen.

Maschinenwille

Angesichts des bisher Gesagten können wir uns kurz fassen, was die zentrale Frage dieses Kapitels anbelangt: Können Maschinen einen Willen haben? Natürlich können sie das. Die letzten Sätze der Wissenschaftlerin vom Mars haben das im Grunde schon angedeutet: »Was kümmert es die Menschen, dass ich ihr Gehirn scannen kann – ihr Wille ist real. Und das gilt natürlich auch für Computer und Roboter, deren Gehirne wiederum die Erdlinge scannen können. Ihr Wille ist ebenfalls real.«

In Spielwarengeschäften gibt es Puppen, die zu quengeln anfangen, wenn sie nicht genügend beachtet werden. So eine Puppe *will* Aufmerksamkeit. Und wenn mein Computer ein bisschen stottert oder hängen bleibt, sage ich, er *will* nicht. Daraus könnte man schließen, dass die Puppe und mein Computer einen Willen haben. Wie wir es auch bei meinem Papagei getan haben. Aber vielleicht steht diese Schlussfolgerung im Moment noch auf etwas wackligen Beinen. Statt zu sagen »Die Puppe will Aufmerksamkeit«, könnte man nämlich genauso sagen »Der Bewegungssensor der Puppe hat schon seit einer halben Stunde keine Bewegung mehr registriert, was zur Folge hat, dass die Puppe ein Geräusch von sich gibt« oder dergleichen. Bei meinem Papagei lagen die Dinge anders. Da musste ein Biologe stundenlang komplizierte Reden schwingen, als Alternative zu dem Satz »Der Papagei will fressen«.

Aber es wird nicht mehr lange dauern, bis Puppen komplizierter werden, bis sie mehr können, mehr fühlen und komplexer reagieren. Dann werden wir bald keine Lust mehr haben, von Bewegungssensoren und anderen technischen Details zu reden – dann *will* die Puppe Aufmerksamkeit. Dann werden wir so vernünftig sein wie die Wissenschaftlerin vom Mars, die erstens annahm, dass der Mensch einen

Willen hat, weil es sich auf diese Weise leichter über ihn reden ließ, und die sich zweitens klarmachte, dass es zwischen realem und scheinbarem Willen keinen Unterschied gibt.

> Unsere heutigen Maschinen sind noch so einfach, dass wir ohne weiteres von diesen und jenen Bauteilen, von Computerchips und Speicheradressen reden können. Sollten Maschinen in Zukunft aber komplizierter werden, kommen wir wahrscheinlich nicht darum herum, in »geistigen Begriffen« über sie zu sprechen.

Angenommen, ich baue eine sehr komplizierte Maschine. Eine ungeheuer komplizierte Maschine aus Stahl mit allerhand beweglichen Teilen, bis oben hin voll mit Kameras und Computern. Dazu hat sie noch alle möglichen seltsamen, undurchschaubaren Funktionen: Sie kann hüpfen, sie reagiert ganz eigenartig auf Licht, und in den komischsten Momenten gibt sie Geräusche von sich.

Sicherheitshalber halte ich das stählerne Monster in einem Käfig. Ich habe keine Ahnung, was es tun wird, wenn ich es freilasse, dafür ist es viel zu launenhaft und komplex. Vielleicht macht es ja alles Mögliche kaputt. Es hüpft ein bisschen in seinem Käfig herum und gibt ab und zu Geräusche von sich. Wenn ich weggehe, bleibt es allein zurück, und wenn ich nach Hause komme, schaut es jedes Mal erfreut drein. Dann rüttelt es an seiner Käfigtür und hört erst wieder damit auf, wenn ich einige seiner Stahlgelenke geölt habe.

Da ich wirklich keine Ahnung habe, woher dieses merkwürdige Verhalten meiner Maschine kommt, kann ich nur sagen, dass meine Maschine Öl will. Mein stählernes Monster *will* Öl. Meine Maschine hat einen Willen.

Die Frage ist natürlich, ob wir eine solch komplizierte Maschine auch in Wirklichkeit bauen können. Eine Maschine, die so kompliziert ist, dass wir kaum noch wissen, wie sie genau funktioniert. So kompliziert, dass uns praktisch nichts anderes übrig bleibt als zu sagen, dass sie einen Willen und andere geistige Eigenschaften hat, weil uns keine anderen Worte dafür zur Verfügung stehen.

Der Fisch

Ein selbstständiger, komplizierter, nicht von Menschen gebauter Roboter

Das vorige Kapitel endet mit einer Maschine, die so schrecklich launenhaft und kompliziert ist, dass man kaum sagen kann, wie sie funktioniert. Das Ding hat so viele Bauteile und Computersysteme, dass man unmöglich erklären kann, was genau in dem Apparat vor sich geht. Deshalb können wir nur sagen »Die Maschine *will* Öl«, wenn sie an ihrer Käfigtür rüttelt.

Doch einen solch komplizierten Apparat zu bauen ist nicht so einfach. Ich kann mich noch so sehr anstrengen: Es wird mir nicht gelingen, eine Maschine zu erfinden, die ich später nicht mehr verstehe. Schließlich habe ich sie selbst erfunden. Wenn ich eine Maschine baue, die an ihrer Käfigtür rüttelt, weiß ich genau, warum sie das tut. Ich werde dann eher von Ölstand, abgenutzten Scharnieren und von Kontrollsystemen reden als davon, dass die Maschine Öl *will*.

Es ist schwer, eine Maschine zu bauen, von der wir nicht sagen können, wie sie funktioniert. Weil wir sie gar nicht erst erfinden können, wenn wir nicht erklären können, wie sie funktioniert. Doch wir brauchen die Maschine nicht selbst zu erfinden, wir können sie auch erfinden lassen. Von einem Computer. Um die Sache zu vereinfachen, wird es keine stählerne, sondern eine virtuelle Maschine. Eine Maschine, die im Computer »lebt«. In einem Computeraquarium, denn es wird eine Art Fisch. Ein Computerfisch.

Mein Computer hat einen Bildschirmschoner, der ein Aquarium darstellt. Wenn ich eine Zeit lang nichts tippe, verwandelt sich mein Bildschirm in ein Aquarium mit tropi-

Ein Aquarium-Bildschirmschoner, den man
um programmierbare Fische erweitern kann.

schen Fischen. Die Fische schwimmen naturgetreu hin und
her, schnappen hier und da nach der Koralle und flüchten
manchmal voreinander. Jeder Fisch hat ein ganz einfaches
Programm, in dem festgelegt ist, wie er sich verhält: nachdem er drei- bis viermal geradeaus geschwommen ist, macht
er eine Links- oder eine Rechtskurve, er stößt nicht mit anderen Fischen zusammen, und hin und wieder ruht er sich in
dem dunklen Unterschlupf aus.

Es gibt auch kompliziertere virtuelle Aquarien, in denen
die Fische etwas mehr können. Einander auffressen zum Beispiel. Man kann die Fische auch selbst programmieren. Man
kann einen aggressiven Fisch programmieren, den man hinter anderen Fischen her schwimmen lässt, oder auch einen
Angsthasen, der bei jeder Kleinigkeit in der Koralle verschwindet.

Nehmen wir mal an, wir haben so ein Aquarium, und es wimmelt darin von Haien. Um der Sache eine heiterere Note zu verleihen, tun wir ein ganz liebes kleines Fischchen dazu. Ein Fischchen, das nicht sofort von den Haien aufgefressen wird. In einem eigenen Fenster können wir festlegen, wie groß der neue Fisch wird, was für Farben er bekommt, wie schnell er schwimmen kann und so weiter. Und mit einigen kurzen Programmzeilen können wir das Verhalten des Fisches weiter verfeinern.

Der Fisch kann diverse Aktionen durchführen: schnell schwimmen, langsam schwimmen, nach links schwimmen, nach rechts schwimmen, fressen. Aktionen dieser Art. Ein Programm, das festlegt, wie sich er sich verhält, könnte dann so aussehen: Nähert sich ein Hai auf weniger als drei Fischlängen, flüchtet der Fisch in die nächste Koralle; wird er von einem Hai verfolgt, dreht er eine scharfe Linkskurve, und wenn er länger als eine Stunde nichts mehr gefressen hat, kommt er aus der Koralle hervor, auch wenn es draußen von Haien wimmelt.

Wir drücken auf »Enter«, und das Fischchen erscheint im Aquarium. Die Haie schauen auf, legen einen Sprint ein und haben den armen Wurm im Nu verschlungen. Versuch missglückt. Der Fisch war nicht gut genug. Wir probieren es noch ein paar Mal, aber er hält selten länger als ein paar Minuten durch. Wir müssen das Programm ändern.

Und das kostet Zeit und Energie. Aber es geht auch anders. Wir können in dem Aquarium auch einen Evolutionsprozess nachahmen. Dann brauchen wir unseren Kopf nicht anzustrengen, sondern überlassen es der Evolution, ein brauchbares Programm für den Fisch zu entwickeln. So läuft das schließlich auch in der Realität: Fische werden nicht von allmächtigen Menschen am Computer programmiert. Fische entstehen durch die Evolution.

Wir machen einen neuen Fisch und geben ihm ein beliebiges Programm. Ein paar beliebige Zeilen, die sein Verhalten festlegen und über die wir nicht weiter nachgedacht haben. Wir werfen den Fisch ins Wasser und warten ab, was passiert. Vielleicht schlägt er Purzelbäume, oder er verfolgt die Haie. Das wissen wir vorher nicht. Vielleicht sinkt er auch sofort auf den Grund.

Ist der Fisch von den Haien aufgefressen worden (oder auch verhungert), machen wir einen neuen. Wieder mit einem beliebigen Programm. Oder besser gesagt: Der Computer macht das. Der ganze Vorgang ist automatisiert. Der Computer selbst macht neue Fische und gibt jedem Fisch ein beliebiges Programm. Das kann der Computer prima.

Mehr noch: Der Computer kann sogar tausend Aquarien gleichzeitig simulieren. Aber da könnte man den Bildschirm genauso gut abschalten; man kann schließlich nicht tausend Aquarien gleichzeitig betrachten.

Der Computer ahmt also tausend Aquarien nach. Und in jedem dieser Aquarien wimmelt es von Haien. Außerdem schwimmt in jedem ein Fischchen, das sich mehr oder weniger willkürlich verhält. (Schwimmt das Fischchen übrigens wirklich? Man kann darüber streiten, ob die Fische in Aquarium-Bildschirmschonern wirklich schwimmen, aber wenn man den Bildschirmschoner dann auch noch abschaltet ...)

Einige Fische sterben sofort, andere halten eine Zeit lang durch. Die zehn Fische, die am längsten durchhalten, speichert der Computer. Er nimmt das Programm des ersten der übrig gebliebenen Fische und schneidet es an irgendeiner Stelle in zwei Teile. Dasselbe macht er mit dem Programm von Fisch Nummer zwei, und dann tauscht er die Programmhälften zwischen den Fischen aus. An den so entstandenen neuen Programmen ändert er noch das eine oder andere. Ganz willkürlich: Er streicht Wörter, fügt Wörter hinzu, ersetzt die Zahl 13 durch die Zahl 17,5.

Jetzt haben wir zwei neue Programme. Zwei neue Programme, die eine Kombination aus den beiden Programmen der am längsten lebenden Fische sind. Diese neuen Programme gibt der Computer zwei neuen Fischen der nächsten Generation. Zwei Kindern von Fisch eins und Fisch zwei. Durch Kombinieren und Vermischen der Programme der am längsten lebenden Fische erstellt der Computer wieder neue Programme für Fische einer folgenden Generation. Der Computer sorgt dafür, dass diese neue Generation auch wieder aus tausend Fischen besteht, und mit dieser neuen Generation aus tausend Fischen versuchen wir unser Glück noch einmal.

Die Chancen stehen gut, dass einige Kinder der neuen Generation länger leben als die Fische der vorhergehenden Generation. Und auch diese Kinder bekommen wieder Kinder. So geht das immer weiter. Die Programme der am längsten lebenden Fische werden willkürlich gemixt, in der Hoffnung, dass irgendwann ein Fisch dabei herauskommt, der ganz lange am Leben bleibt und den Haien ein Schnippchen schlägt.

Das wird mit Sicherheit geschehen. Irgendwann wird ein Fisch entstehen, der den Haien gewachsen ist. Das ist kein sinnloses Gedankenexperiment, sondern etwas, das man schlicht ausprobieren kann. Man weiß natürlich nicht im Voraus, was für ein Verhalten der Fisch an den Tag legen wird. Ich kann mir da alles Mögliche vorstellen. Vielleicht verschanzt er sich so lange wie möglich in der Koralle. Wenn die Haie gerade nicht in der Nähe sind, kommt er herausgeflitzt, frisst schnell etwas und verschwindet wieder in der Koralle (das ist die Strategie vieler tropischer Fische). Könnte sein. Genauso gut könnte es sein, dass der Fisch einfach zwischen die Haie hineinschwimmt und sie genau im Auge behält. Wenn ihm einer zu nahe kommt, schwimmt er schnell ein Stück in die andere Richtung, und so hält er die Haie ständig auf Abstand. Er muss nur scharf aufpassen und schnell reagieren.

Wenn wir den Fisch studieren, werden wir vermutlich allerlei typische Verhaltensweisen erkennen: Der Fisch schwimmt hin und her; der Fisch flüchtet; der Fisch frisst; der Fisch ruht sich aus und so weiter. Haben wir den Fisch lange genug beobachtet, können wir wahrscheinlich sogar ziemlich genau vorhersagen, was er als Nächstes tun wird: »Wenn der Hai da links noch etwas näher kommt, dann bekommt der Fisch Angst. Wahrscheinlich flüchtet er in die Koralle. Aber er hat schon eine Zeit lang nichts mehr gefressen und ist hungrig. Er wird wohl hinter der Koralle vorbeischwimmen und an der rechten Seite des Aquariums wieder auftauchen.«

Wir werden damit nicht immer richtig liegen, aber nach einiger Zeit kennen wir den Fisch so gut, dass wir recht genaue Vorhersagen über ihn treffen können. So wissen wir zum Beispiel, wann er Angst hat, wann er Hunger hat und wann er entspannt ist.

Wenn wir mit der rechten Maustaste auf den Fisch klicken, öffnet sich ein Fenster mit dem Programm für das Verhalten des Fisches. Wir können jede Zeile dieses Programms lesen und interpretieren. Der Fisch ist ein offenes Buch.

Wir erwarten, dass wir in dem Programm die Verhaltensweisen des Fisches nachlesen können. Dass wir sehen können, welche Zeilen im Text für sein Fluchtverhalten verantwortlich sind, und dass wir lesen können, was das Tierchen im Einzelnen tut, wenn es Hunger hat. Doch da erwartet uns eine herbe Enttäuschung. Das Programm erweist sich als ein einziger großer, unverständlicher Wirrwarr.

Es gleicht nicht im mindesten einem Programm, wie wir selbst es für den Fisch schreiben würden. Es ist mehrere tausend Zeilen lang, und es ist ein einziges Tohuwabohu, aus dem wir nicht schlau werden. Außerdem steckt es voller höchst seltsamer Konstruktionen: Wenn ein Hai näher ist als 10 Fischlängen und wenn ein Hai näher ist als 17 Fischlängen, dann … (pardon: Wenn ein Hai näher ist als 10 Fischlängen, ist er sowieso schon näher als 17 Fischlängen). Anderes Beispiel: Wenn der Magen zu mehr als 10 Prozent gefüllt ist, ziehe die Wurzel aus 17; quadriere die Wurzel aus

Ich will ein Käsebrötchen

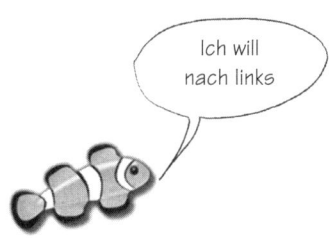

Ich will nach links

»Ich will ein Käsebrötchen« steht für einen komplizierten Vorgang, der sich im Gehirn abspielt.

»Der Fisch will nach links« steht für ein kompliziertes Programm, das sich im Computer abspielt.

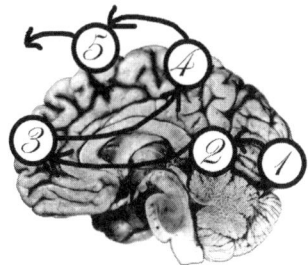

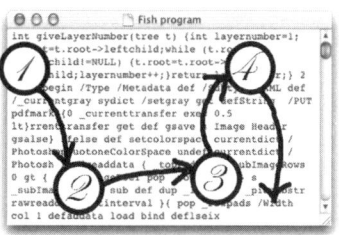

17 und addiere 3; wirf das Ergebnis weg … Solcherlei unsinnige Angaben.

Das Programm des Fisches ist schwer zu verstehen. Nur mit größter Mühe können wir analysieren, dass der Fisch in den meisten Fällen wegschwimmt, wenn ihm ein Hai nahe kommt. Das wird aber nirgends direkt gesagt. Irgendwo mitten in dem Programmcode steht, dass der Fisch ein kleines Stück nach rechts schwimmt, wenn er links einen Hai sieht. Und irgendwo am Anfang des Programms steht, dass er weiter nach rechts schwimmt, wenn er links weiter vorn einen Hai sieht. Aber nirgends steht klipp und klar, dass er vor den Haien flüchtet. Und doch tut er das.

Nirgendwo im Programmcode des Fisches gibt es so etwas wie ein Fluchtmodul, und nirgendwo in dem Programmcode steht, dass der Fisch etwas will. Würden wir aber sagen, der Fisch habe keinen Willen, weil in dem Programmcode keiner zu finden ist, dann wäre das so, als würden wir behaupten, der Äquator existiere nicht, weil er im Urwald nicht zu finden ist.

Im Grunde ist der virtuelle Fisch die Maschine, nach der wir gesucht haben. Eine Maschine, die so bizarr, so seltsam und komplex ist, dass wir praktisch nicht anders können: Wir müssen sagen, dass sie fressen will, dass sie vor Haien flüchtet und sich ab und zu ein Weilchen ausruht. Andere Wörter können wir schlecht gebrauchen, dafür ist der Fisch zu kompliziert. Es ist natürlich nicht weiter verwunderlich, dass der Fisch ein so bizarres Ding geworden ist. Das Programm stammt schließlich nicht von einem Programmierer, sondern es ist eine Aneinanderreihung von Teilen eines beliebigen Programmcodes.

Biologische Wesen – wie wir Menschen, wie Kaninchen und Papageien – sind noch viel bizarrer als der Computerfisch. Auch wir sind wie der Computerfisch eine Aneinanderreihung mehr oder weniger willkürlicher Zufallstreffer. Es gab da keinen Ingenieur, der ruhig und systematisch unser Gehirn entworfen hat. Und unser Gehirn besteht auch nicht aus ein paar tausend Zeilen eines verworrenen Programmcodes, sondern aus mehreren Milliarden verworren miteinander verbundenen Gehirnzellen. Unser Gehirn ist unendlich viel schwerer zu interpretieren als das Programm des Fisches. Ist es da etwa verrückt, dass wir der Meinung sind, wir haben einen Willen, wir haben Glauben, Hoffnung und Liebe? Würden wir solche Wörter nicht gebrauchen, verstünden wir uns selbst nicht mehr.

Fühlen

Hat eine Maschine Emotionen?

Eine Maschine ist nichts als eine Maschine. Ein Haufen aus Stahl, Plastik und zusammengelöteten elektronischen Bauteilen. Dass so ein Ding ein köstliches Essen genießen oder Angst vor dem Tod haben kann, würde man nicht unbedingt erwarten. Aber wie ist das wirklich? Kann eine Maschine Emotionen haben?

Bevor wir auf diese Frage eingehen, bauen wir erst einmal eine Maschine. Einen Roboter, der selbstständig funktioniert. In einer großen Stadt, sagen wir mal in Antwerpen. Und wir bauen nicht gleich ein mannshohes Monster, sondern ein etwa zwanzig Zentimeter großes Roboterchen – so groß wie ein Kaninchen ungefähr.

Ein selbstständiger Roboter

Ein selbstständiger Roboter muss sich fortbewegen können. Natürlich nicht um jeden Preis, jedenfalls nicht, um selbstständig zu sein. Aber wenn er sich nicht fortbewegen kann, wird die Sache ein bisschen witzlos. Außerdem würden wir ihn dann nicht mehr Roboter nennen – auch ein Laternenpfahl funktioniert völlig selbstständig, aber er ist kein Roboter, so wenig wie ein Dach.

Der Roboter braucht also Räder. Oder Beine. Beine sind im Gras praktisch, Räder auf der Straße. Mit Rädern ist er schneller, aber wenn er im Matsch stecken bleibt oder unten an einer Treppe steht, nützen sie ihm nicht viel. Da sind Beine zweckmäßiger. Beine sind aber viel schwerer zu steuern. Der Roboter braucht einiges an Koordinationsvermögen, um sie in der richtigen Reihenfolge zu bewegen. Erst recht, wenn er vier davon hat oder sechs. Mit zwei Beinen hat er wiederum ein Gleichgewichtsproblem.

Dann also Räder. Den Park kann der Roboter somit vergessen, ebenso wie das Museum der Schönen Künste mit seiner Freitreppe. Doch Antwerpen hat genug Asphalt, und der Roboter weiß sich schon zu helfen. Nur die Bordsteine sind noch ein Problem. Aber wenn die Räder groß genug sind und der Roboter geschickt genug ist, schafft er das schon.

Damit die Räder sich drehen, hat der Roboter einen Elektromotor, er schleppt wiederaufladbare Batterien mit sich herum und hat eine Solarzelle auf dem Rücken. Wenn das Wetter es erlaubt, legt er sich genüsslich in die Sonne und lädt seine Batterien auf. Und wenn kein sonniges Plätzchen da ist, zieht er los und sucht sich eins. Außer nachts. Der Roboter ist mit einer Uhr ausgestattet und weiß, dass er nach sechs kaum noch Chancen auf einen Sonnenstrahl hat. Natürlich ist gar nicht daran zu denken, dass wir den Roboter nach Hongkong oder Honolulu mitnehmen. Bei der Zeitverschiebung von jeweils zwölf Stunden gegenüber Antwerpen würde sich der arme Kerl immer zur falschen Zeit auf die Suche nach der Sonne machen.

Im Winter hält der Roboter Winterschlaf. Dann scheint zu wenig Sonne für seine Solarzelle. Es gibt übrigens absolut keinen Grund, warum er nicht permanent Winterschlaf halten sollte. Er könnte gemütlich dösend in einem ruhigen Eckchen liegen, bis seine Batterien leer sind und er nicht mehr funktioniert. Aber so ist er nicht programmiert. Der Roboter sprüht vor Lebenslust, und kaum kommt die Sonne hervor, zieht er los. (Wäre er schlauer, würde er sein Nest nicht verlassen. Aber er ist nicht sein eigener Herr, das ist der Programmierer.)

Doch so weit sind wir noch nicht. Denn wenn sich der Roboter mitten auf dem Bürgersteig sonnt, tritt entweder jemand versehentlich auf ihn oder er bekommt einen gezielten Tritt. Und auf der Straße ist es noch viel schlimmer. Autos kennen keine Gnade.

Der Roboter muss deshalb Menschen und Autos meiden. Das ist in Antwerpen nicht ganz einfach, schon gar nicht, wenn man nicht in den Park darf. Aber unmöglich ist es nicht. Der Roboter muss nur gut aufpassen. Er ist mit einer einfachen Kamera und einigen anderen Sinnesorganen ausgerüstet. Er muss ja erkennen können, wo die Sonne scheint und wo Schatten ist. Und mithilfe derselben Sinnesorgane kann er auch Menschen und Autos erkennen.

Nicht dass er einen Saab von einem Citroën unterscheiden könnte oder eine nette alte Dame von einem rotzigen Jugendlichen. Alles, was groß ist, sich bewegt und Autogeräusche von sich gibt, ist ein Auto für den naiven Roboter, der noch nie ein Motorboot gesehen hat. Und alles, was zwei Beine hat – oder was so aussieht –, ist ein Mensch (Rollstuhlfahrer berücksichtigt der Roboter nicht). Das alles braucht der Roboter nicht zu lernen. Er weiß es von Haus aus, er ist so programmiert.

Ein reichlich hektisches Leben, das unser Roboter führt. Immer auf der Suche nach ein paar Sekunden Sonnenschein, bis wieder ein Auto angebraust kommt oder ein Fußgänger vorbeigeht. Sein Leben besteht aus nichts anderem als dem Meiden von Menschen und Autos und der Suche nach schön sonnigen Plätzchen, an denen er seine Batterien aufladen kann. (Das mag sich nach einem sinnlosen Leben anhören. Aber was ist ein sinnvolles Leben, frage ich mich …)

So einen Roboter zu bauen scheint nicht allzu kompliziert. Doch ganz so einfach ist es auch wieder nicht. Ein Haufen Technik, ein Haufen Denkarbeit und Ausprobieren. Wir wollen ja um jeden Preis verhindern, dass der Apparat kaputt-

Ist er nicht niedlich, der selbstständig durch
Antwerpen fahrende Roboter?

geht. Einen zweiten Roboter können wir uns nicht leisten.
Selbsterhaltung hat oberste Priorität für den Roboter. So
wird er programmiert.

Mit frisch geladener Batterie setzen wir den Roboter in einem ruhigen Viertel von Antwerpen auf den Bürgersteig. Wir
schalten ihn ein und treten ein paar Schritte zurück. Der Roboter wendet den Kopf – er hat einen Kopf oder etwas, das so
ähnlich aussieht. Und fährt auf der Stelle von uns weg. Er
weiß ja, was wir sind: Menschen. Und vor Menschen flüchtet er. Er verschwindet unter einem parkenden Auto, und
das war's. Wir haben den Roboter in freier Wildbahn losgelassen! (Fragt sich, wie froh er darüber ist. Mit einem Solarium
hätten wir ihm möglicherweise einen größeren Gefallen getan. Da könnte er sich schön faul einfach nur sonnen ...)

Ab und zu erspähen wir ihn noch. Wenn niemand sonst
auf der Straße ist, sehen wir ihn ein Stück entfernt die
Sonne genießen. Doch sobald wir näher kommen, flüchtet er
unter ein Auto oder in eine Seitenstraße. Irgendwohin jedenfalls, wo wir ihn nicht finden.

Anscheinend kommt der Roboter prima allein zurecht. Schade nur, dass wir ihn so selten sehen. Wir wollen ja noch ab und zu kontrollieren, wie es ihm geht und ob noch alles funktioniert. An einem sonnigen Tag machen wir uns auf die Suche nach dem Roboter. Wir klappern alle Stellen ab, an denen er sich einmal gesonnt hat. Dann entdecken wir ihn: Er liegt ganz ruhig auf einem kleinen Platz in der Sonne, nicht weit von dort, wo wir ihn losgelassen haben. Ganz vorsichtig und ohne ein Geräusch zu machen, betreten wir den Platz.

Langsam kommen wir näher. Der Roboter hat uns noch nicht bemerkt und sonnt sich weiter. Da fährt in einiger Entfernung ein Lastwagen vorbei. Der Roboter schaut auf, und schon hat er uns entdeckt. Sofort beginnen seine Motoren auf Hochtouren zu laufen, und wie ein Besessener fährt er davon. Wir rennen hinterher, aber er überquert den Platz und verschwindet in der Nähe einiger Häuser. Wir laufen ihm nach … und sehen ihn einen Gartenweg hinauffahren.

In die Falle. Von hier aus kommt er nicht mehr weiter. Im Gras ist er mit seinen Rädern hilflos, und am einen Ende des Gartenwegs kommen wir angelaufen, am anderen Ende steht ein Haus.

Wie ein Baseballspieler, der von Base zu Base gejagt wird, rast der Roboter hin und her. Doch er kann nicht verhindern, dass wir immer näher kommen.

Als wir schon fast nach ihm greifen können, schaltet er auf höchste Alarmstufe. Alle nicht vitalen internen Systeme werden stillgelegt. Kontrollsysteme gehen aus, Sicherheitsmargen werden nicht mehr kontrolliert. Der Roboter mobilisiert seine letzten Batteriereserven. Für einen letzten verzweifelten Spurt. Der Druck in seinen Leitungen wird zu groß, und da und dort tropft Öl herab – wie Schweiß von seiner Stirn. Er zittert und bebt an allen Ecken und Enden. Der Roboter hat Angst. Todesangst.

Klar. So ist er programmiert. Selbsterhaltung hat oberste Priorität für den armen Kerl. Alles in ihm, der Roboter mit allem Drum und Dran, kennt nur noch ein Ziel: ab durch die Mitte. Nichts wie weg! Selbsterhaltung! Jedes Zahnrad, jeder Chip, jedes Bit und jedes Byte. Kann das etwas anderes als Angst sein? Was könnte Angst noch mehr sein? Alles im Roboter ist davon betroffen. Was um alles in der Welt müsste der Roboter noch haben, um »echte« Angst zu empfinden? Ich kann aus all dem nur den Schluss ziehen, dass der Roboter wirklich Angst hat. Genau solche Angst, wie wir Menschen sie haben können, genau solche Angst wie ein Kaninchen.

Natürlich können wir uns nicht in die Angst des Roboters einfühlen. Aber das kann ich auch nicht bei Leuten, die sich anstellen, oder bei Leuten, die eine Phobie haben. Und ich kann auch die Angst eines Kaninchens nicht nachempfinden, aber Angst hat es. Ein Angsthase ist es.

Angst ist eine Emotion. Und Emotionen kommt man mit Logik nicht bei. Dafür sind es ja Emotionen. Man kann ihnen nachgeben, oder man kann sie ignorieren. Aber davon, dass man über sie nachdenkt, werden sie nicht weniger oder mehr. Wer an Höhenangst leidet, fürchtet sich auf dem Dach eines Wolkenkratzers. Auch wenn er sich sagt, dass er nicht hinunterfallen wird. Und wer verliebt ist, ist verliebt. Auch wenn er weiß, dass nie etwas daraus werden wird.

Emotionen gehören zu den instinktmäßigen Triebfedern, die uns die Natur mitgegeben hat. Sie sind durch die Evolution einprogrammiert. Emotionen sorgen unter anderem dafür, dass wir Entscheidungen treffen können, die uns überleben helfen. Die Angst vor Tigern sorgt dafür, dass wir nicht aufgefressen werden. Der Genuss, den uns das Essen bereitet, sorgt dafür, dass wir nicht verhungern, und die Liebe, die wir für Angehörige des anderen Geschlechts empfinden, sorgt dafür, dass mehr von unserer Sorte nachkommen.

> Ob Emotionen durch die Evolution oder von einem Pro-
> grammierer einprogrammiert sind, spielt keine Rolle. Un-
> sere Emotionen gleichen in gewisser Weise denen eines Ro-
> boters, und umgekehrt, und die Emotionen eines Roboters
> sind genauso real wie unsere.

Doch wovor genau hat der Roboter eigentlich Angst, wenn
er Angst vor dem Tod hat? Er ist schlicht und einfach darauf
programmiert, Todesangst zu haben. Genauso gut könnte er
darauf programmiert sein, Angst vor Kartoffeln oder vor der
Zeitung zu haben. Sein Programmierer hat sich nur für den
Tod entschieden – und das mit gutem Grund. Aber wie kann
der Roboter vor dem Tod Angst haben? Er merkt doch gar
nichts davon. Was ist der Unterschied zwischen einem Roboter im Stand-by-Betrieb und einem ausgeschalteten Roboter? Praktisch keiner. Nur dass der Roboter vor dem einen Zu-
stand Angst hat und vor dem anderen nicht: Schlafen tut er
schließlich jede Nacht. Freiwillig.

Todesangst ist genauso rational wie Schlafangst. Vom Tod
merkt man genauso viel wie vom Schlafen. Aber Angst ist
auch alles andere als rational. Sie ist einprogrammiert. Von
einem Programmierer im Fall des Roboters, von der Evolution in unserem Fall. Dass wir so programmiert sind, leuchtet
unmittelbar ein. Menschen- und Tierarten, die keine Angst
vor dem Sterben haben, sterben vermutlich schnell. Sterben
sogar aus. Nur wer eine Todesangst vor dem Tod hat, bleibt
übrig.

Robotersinn

Wir würden den Roboter gern beruhigen. Aber das geht nicht. Wir können ihm ja nicht sagen, dass wir ihm nichts tun wollen. Und wir können ihn auch nicht fragen, wovor er denn solche Angst hat. Der Roboter kann nicht sprechen oder sonst wie kommunizieren. Er kann nicht viel mehr tun als herumfahren und sich sonnen. Doch das lässt sich ändern. Wir können ihn um einen kleinen Monitor ergänzen, auf dem er uns den jeweiligen Status seiner Systeme anzeigt (die Temperatur seines Motors, den Druck in seinen Leitungen, die Belastung seiner Computersysteme und so weiter). Dann »sagt« der Roboter jedenfalls etwas.

Es ist sogar denkbar, dass wir den Roboter um eine einfache Software ergänzen, die ihm die Möglichkeit gibt, simple Fragen zu seinem Verhalten zu beantworten. (Wie wir ihm diese Fragen im Einzelnen stellen, lassen wir erst einmal offen: Sprechen wir ihn an, geben wir die Fragen über eine Tastatur ein, oder wählen wir sie aus einer Anzahl Standardfragen aus?) Wenn wir den Roboter fragen, warum er so schnell vor uns wegläuft, erscheint die Antwort auf seinem Monitor.

Sie könnte zum Beispiel lauten: »Meine Motoren sind angesprungen, weil sich zwei lang gestreckte, vertikale, dunkle Zonen in meinem Gesichtsfeld befanden« (denn so erkennt er Menschen). Vorstellbar wäre aber auch, dass er so antwortet: »Ich bin weggerannt, weil ich einen Menschen gesehen habe.« Der Roboter kann beides, und es hängt von seiner Programmierung ab, welche Art von Antwort er gibt. Dann fragen wir weiter:

»Warum bist hierher gefahren, über den Platz?«

»Weil ich da keine Menschen gesehen habe und weil es so aussah, als würde dort die Sonne scheinen.«

»Warum bist du zur Sonne hin gefahren?«

»Um meine Batterien aufzuladen.«

»Warum musst du deine Batterien aufladen?«
»Weil ich sonst kaputtgehe.«
»Was ist denn daran so schlimm?«
»Äh …«

Das weiß der Roboter nicht. Und wie sollte es anders sein: Der Roboter kann unmöglich wissen, dass er nicht kaputtgehen darf. Weil wir sparen müssen und uns nicht Dutzende von Robotern leisten können. Er kann sein Verhalten kaum genauer begründen als mit »In der Sonne liegen ist schön« und »Menschen und Autos sind gefährlich«. Das sind die Triebfedern des Roboters – wir können sie auch Emotionen nennen.

Könnte der Roboter nachdenken – ich will nicht behaupten, dass er auch das kann –, dann könnte er über das Wie und Warum seiner Emotionen philosophieren. Aber die Chance, dass er auf die richtige Antwort kommt, ist gering. Vielleicht denkt er, er nimmt an einem Roboterwettkampf teil, bei dem es darum geht, möglichst lange am Leben zu bleiben. Oder er denkt, er muss am Leben bleiben, um künftige Robotergenerationen über die Verhältnisse in Antwerpen aufzuklären. Als Vorhut künftiger Touristenführer: »Wisst ihr was? Ich werde schon mal eine Übersicht über die Plätze erstellen, an denen man sich am schönsten sonnen kann und an denen man auf Autos achten muss. Wenn dann andere Roboter kommen, kann ich ihnen sofort weiterhelfen. Was habe ich doch für eine sinnvolle Aufgabe!« So hält sich der Roboter selbst zum Narren.

Was hat der Roboter davon, dass er sich auf die Suche nach dem Sinn seiner Existenz macht? Er wird die Wahrheit ja doch nicht herausfinden. Nur wir wissen, dass es uns einfach Spaß macht, einen Roboter zu haben, und nur wir wissen, dass wir sparen mussten und nur diesen einen Roboter finanzieren konnten. Und selbst wenn der Roboter die Wahrheit irgendwann herausfände: Was hätte er davon? Er könnte beschließen, uns zu unterstützen, indem er ein paar Cent nebenher verdient – damit wir uns mehr Roboter leisten können. Aber ich frage mich, ob das vernünftig von ihm wäre. Was soll der Roboter anderes tun als sich den Emotionen entsprechend verhalten, die er mitbekommen hat? Gibt es für den Roboter mehr Sinn als nur das?

> **Wie kann ein Roboter seinem Dasein Sinn verleihen? Doch nur, indem er seinen einprogrammierten Triebfedern folgt.**

Wir haben ein ähnliches Problem. Auch wir sind in gewissem Sinne Roboter. Biologische Roboter. Können wir den wahren Sinn unseres Lebens herausfinden – sofern es so etwas gibt? Oder halten wir uns auch nur selbst zum Narren, wenn wir glauben, wir hätten eine sinnvolle Aufgabe im Leben? Was sollen wir tun? Sollen wir davon ausgehen, dass unser Leben sinnvoll ist, und es entsprechend dem Sinn, den wir ihm zuweisen, einrichten (Bücher schreiben, Seehunde retten und Übersichten von Plätzen erstellen, an denen man sich gut sonnen kann)? Oder sollen wir einfach nur den Emotionen folgen, die uns einprogrammiert sind, wie etwa Lust, Hunger, Durst und Angst?

Für Kühe, Kaninchen und nicht nachdenkende Roboter ist die Sache einfach. Die Motivation ihres Handelns hört bei ihren Emotionen auf. Weiter zu fragen hat keinen Sinn. Für sie ist es schlicht ein herrliches Gefühl, in der Sonne zu liegen, und damit basta. Wenn man jedoch nachdenken kann, wird es schwieriger. Dann ist es mit einem »Das ist einfach ein gutes Gefühl« nicht mehr getan.

Aber unabhängig von diesen komplizierten Fragen kommen wir zwangsläufig zu dem Schluss, dass Maschinen Emotionen haben *können*. Maschinen können tatsächlich die Sonne lieben, sie können tatsächlich Angst vor dem Tod haben.

Ein künstliches Tier

Kann eine Maschine leben?

Einen Roboter zu bauen, der sich so oft wie möglich in die Sonne legt, vor Autos und Menschen flüchtet und es eine Zeit lang in Antwerpen aushält, das geht noch. Aber so einen Roboter ein Lebewesen zu nennen, wäre dann doch etwas zu viel des Guten.

Nicht dass der Begriff »Leben« irgendetwas Wundersames an sich hätte. Es gibt kein magisches Lebenselixier, das durch die Adern der Lebenden fließt und sie von den Toten unterscheidet. »Leben« ist auch wieder nur ein Wort: eine Aufteilung der Welt in die Lebenden und die Toten, um besser über die Welt reden zu können.

Lebewesen – Pflanzen, Tiere und Menschen – können sich selbst reparieren (von Krankheiten genesen) und sich fortpflanzen. Man kann uns natürlich als eine Art Roboter betrachten, ebenso wie Wale und Kaninchen. Aber wir – und die Wale und die Kaninchen – sind das Produkt von Milliarden Jahren der Evolution. Nicht dass die Evolution zielstrebig auf uns zugesteuert wäre, aber ihr Produkt sind wir trotzdem. Im Grunde sind wir Apparate zur Erzeugung neuer Menschen. Apparate, die Apparate erzeugen. Klar, dass es von solchen Apparaten auf der Erde nur so wimmelt.

Aber eine künstliche Maschine herzustellen, die selbstständig neue Maschinen herstellt, ist ziemlich kompliziert. Was diese Maschinen alles an Stahl, Plastik und Gummi zusammenbasteln müssen, um wieder neue Maschinen zu bauen … Von den Chips und der Elektronik ganz zu schweigen. Eine Chips produzierende Fabrik ist schnell so groß wie ein Mietshaus. Die stecke man mal in einen Apparat, der laufen kann!

Insofern sind wir schon ganz beachtliche Apparate. Das Einzige, was hinein muss, sind Wasser, Luft und Kartoffeln. Und was herauskommt, sind wieder neue Apparate. Ein fantastischer Apparat: der Mensch.

Eine komplette künstliche Tierart herzustellen, die in Antwerpen wohnt und um die man sich nicht weiter zu kümmern braucht – schwierige Sache. Aber wäre es möglich? Könnte es einen lebenden Roboter geben?

Um einen Roboter zu bauen, der sich selbst reparieren kann, könnte man mit einem Roboterersatzteillager beginnen. Merkt der Roboter, dass ein Teil von ihm allmählich den Geist aufgibt, fährt er dorthin und holt sich das entsprechende Ersatzteil. Das verlangt dem Roboterbauer natürlich einiges ab: Dass alle lebenswichtigen Teile leicht auszuwechseln sind, ist das Mindeste. Aber machbar ist es. Beim Auto ist es heute ja auch so. Da wird nun wirklich nicht mehr jede Kleinigkeit repariert. Ruckzuck, und schon ist eine nagelneue Kupplung, ein nagelneues Getriebe oder sonst etwas Nagelneues drin. Das ist wesentlich einfacher.

Der Roboter wird das betreffende Teil vermutlich nicht selbst austauschen können. Es muss ja erst herausgenommen werden, und damit ist der Roboter aller Wahrscheinlichkeit nach erst einmal lahm gelegt (wenn es sich beispielsweise um den Akku handelt). Ich stelle mir vor, dass es in dem Ersatzteillager spezielle Vorrichtungen gibt, die die Teile automatisch austauschen. Andere Roboter etwa. Spezialisierte Montageroboter. So kompliziert ist das nicht. Wenn man sieht, was Roboter am Fließband einer Autofabrik alles können, dann glaubt man gern, dass so ein Ding auch Teile auswechseln kann. Der Montageroboter braucht das auch nicht erst zu lernen. Er wird einfach so programmiert. Und um es ihm vollends leicht zu machen, sind alle Roboter, die draußen herumfahren, von ein und demselben Typ. Da brauchen die Monteure nicht groß zu überlegen, welches Ersatzteil wohin muss; es ist ja alles gleich.

Irgendwo am Stadtrand von Antwerpen – am Hafen beispielsweise – steht also ein Ersatzteillager mit Roboterteilen. Und in diesem Depot stehen wiederum spezialisierte Roboter, die bei anderen Robotern Teile auswechseln können. Die letzteren Roboter fahren ein bisschen in Antwerpen herum. Liegen in der Sonne und flüchten vor Menschen und Autos. Auf diese Weise halten sie eine Weile durch. Aber nicht ewig, denn irgendwann ist das Ersatzteillager leer. Schade, aber es gibt nun mal keinen lebenden Roboter, der sich selbst instand hält. Doch da lässt sich etwas machen.

Wir wandeln das Depot in eine Fabrik um. Eine Fabrik, die Ersatzteile herstellt. Das wird natürlich eine riesengroße Fabrik. Vielleicht sogar eine ganze Reihe von Fabriken. Eine Fabrik für die Räder des Roboters, eine Fabrik für seine Elektronik, eine Fabrik für seine Solarzellen und so weiter. Die Roboter sollen möglichst einfach sein. Mit möglichst wenig Teilen: Räder aus einem Stück, ein Chiptyp und so weiter. Alles so einfach, wie es nur irgend geht.

Das Einzige, was in die Fabrik hineinkommt, sind Rohstoffe wie Stahl, Plastik und Gummi. Und heraus kommen Roboterersatzteile. Menschen arbeiten in der Fabrik nicht. Es ist eine vollautomatische Fabrik. So eine Fabrik zu bauen ist ein ziemlicher Aufwand, aber unmöglich ist es nicht. In einer Autofabrik arbeitet heute auch fast niemand mehr, sie ist ein großes automatisiertes System, in dem kaum noch Menschen gebraucht werden. Stahlblech kommt hinein, und Autos rollen heraus. Das geht.

Der Trick ist natürlich, dass die herumfahrenden Roboter das Rohmaterial heranschaffen. Dann schließt sich der Kreis. Dafür müssen die herumfahrenden Roboter neu programmiert werden. Sie müssen jetzt nicht mehr nur möglichst lange in der Sonne liegen und vor Menschen und Autos

In einer Autofabrik arbeiten heute kaum
noch Menschen. Stahlblech kommt herein,
und Autos rollen hinaus.

flüchten, sondern auch leere Coladosen, Autoreifen und alte
Platinen sammeln. Die Roboter fahren herum, suchen im
Sperrmüll nach verwertbaren Materialien und bringen sie in
die Fabrik, wo sie zu Ersatzteilen für eben diese herumfahrenden Roboter verarbeitet werden. Im Prinzip ist das alles
möglich. Und ein hervorragendes Recycling ist es noch dazu.

So kann das lange gehen. Jahre vielleicht. Die Fabrik läuft.
Die Roboter fahren herum, und man braucht sich nicht um
sie zu kümmern. Wenn sich irgendein Geldgeber bereitfin-
det, dieses – nette, aber im Grunde nutzlose – Projekt zu finanzieren, kann es, denke ich, realisiert werden. Es kostet einiges, aber es ist möglich.

Dennoch sind diese Roboter in meinen Augen noch keine

künstlichen Lebewesen. Wesen wie ein Hund oder ein Kaninchen. Sie sind in hohem Maße von der Fabrik abhängig. Wenn die nicht mehr läuft oder wenn einmal der Strom ausfällt, ist es aus mit ihnen. Dass sie wirklich für sich selbst sorgen können, so wie Hunde und Kaninchen das können, ist noch nicht drin. Aber wir sind ein Stück weiter gekommen.

Ich kann mir sehr gut vorstellen, dass sich irgendwann tatsächlich ein Geldgeber findet, der solche Roboter und die dazugehörige Fabrik bauen will. Geldgeber sind höchst seltsame Menschen. Eines Tages steht also irgendwo am Stadtrand eine Roboterfabrik. Und überall in der Stadt sieht man sich sonnende, umherstreifende und flüchtende Roboter. Lustig ist das. Manchmal aber auch weniger schön. Die Roboter sehen natürlich keinen Unterschied zwischen Abfall und Sachen, die noch gut sind, und so klauen sie wie die Raben (die diesen Unterschied übrigens auch nicht sehen).

Nach einiger Zeit hat der Bürgermeister von Antwerpen die Nase voll von diesen herumfahrenden Nervensägen und fordert den Geldgeber auf, mit seiner Fabrik und den dazugehörigen Robotern woandershin zu gehen. Das verdrießt den Geldgeber: Sein ganzes Projekt ist in Gefahr, nur weil der Bürgermeister unbedingt meckern muss. Er beschließt, mit Sack und Pack in eine andere Stadt umzuziehen. Ein Riesenzirkus, so ein Umzug, aber was tut man nicht alles für die Wissenschaft. Nur ... in welche Stadt? Es kostet ungeheuer viel Zeit, eine Stadt zu finden, in der Roboter gedeihen können. Zeit, die der Geldgeber nicht hat. Es muss die Sache anders anpacken.

Er kauft einen alten Öltanker und verlegt alles auf das Schiff. Fabrik, Roboter: den ganzen Laden. Außerdem sorgt er dafür, dass die Roboter da und dort ein bisschen umprogrammiert werden. Nicht zu radikal, nicht so, dass sie auf einmal superintelligent werden oder dergleichen, aber doch so, dass sie beispielsweise ein Schiff steuern können. Er sticht mit dem Schiff in See und lässt es aufs Geratewohl herumfahren, bis es in irgendeinen Hafen kommt.

Sobald das Schiff angelegt hat (wahrscheinlich mit Donnergetöse, denn so richtig gut steuern können die Roboter nicht), gehen einige Roboter von Bord, um die Gegend zu erkunden. Wenn genug verwertbarer Plunder am Strand zu finden ist und genug Sonne scheint, gehen die anderen Roboter ebenfalls an Land. Wenn nicht, schippern sie weiter. Auf gut Glück. Bis sie einen geeigneten Platz finden.

Wenn die Roboter von Bord gegangen sind, fängt das normale Leben für sie an: herumfahren, sich sonnen, Müll durchwühlen, vor Menschen und Autos flüchten. Das spart dem Geldgeber eine Menge Zeit. Er braucht sich nicht jedes Mal zu überlegen, welches ein guter Platz für die Fabrik und die Roboter wäre; sie suchen sich den Platz selbst. Aber noch immer sind die Roboter stark von der Fabrik abhängig; wenn dort etwas passiert, ist es aus mit ihnen.

Und so bauen sie eine zweite Fabrik. Sie tun das nicht ganz allein, sie tun es mit Unterstützung der ersten Fabrik. Einen Teil der Coladosen, Autoreifen und Platinen verwendet die Fabrik zur Herstellung von Ersatzteilen für eine neue Fabrik. Das hat nichts Magisches – die Fabrik ist einfach so programmiert. Und warum sollte das nicht gehen? Wenn die Fabrik Ersatzteile für Roboter herstellen kann, dann kann sie genauso gut Ersatzteile für sich selbst herstellen. Die Roboter bringen die Teile in ein Dock und bauen sie in der richtigen Weise zusammen. Dazu müssen die Roboter natürlich wieder umprogrammiert werden. Außer sich sonnen, herumfahren und flüchten müssen sie jetzt auch noch montieren können. Aber so etwas machen Roboter mit links. In der Industrie tun ja sie nichts anderes. Und außerdem: Wenn Roboter andere Roboter zusammenbauen können, dann können sie genauso gut eine Fabrik zusammenbauen. Und sie müssen die Fabrik ja nicht entwerfen. Sie setzen sie nur zusammen.

Nach einiger Zeit ist die zweite Fabrik fertig. Eine Reservefabrik. Für den Fall, dass die erste Fabrik versagt. Eine Kopie der ersten Fabrik. Mit Schiff und allem Drum und Dran. Genau das Gleiche.

Und dann sticht die Fabrik in See! Weg von den Robotern, die sie gebaut haben. Einige von ihnen nimmt sie mit. Auf die Suche nach einem neuen Platz mit genügend Abfällen auf der Straße und genügend Sonne, nach einem Ort, wo noch keine andere Fabrik im Hafen steht.

Und schon haben wir es, das künstliche Lebewesen! Ein echtes Tier, das vollkommen selbstständig ist, das sich selbst reparieren und sich vermehren kann. Nur ist das Wesen kein Roboter, sondern ein Schiff! Das Schiff ist das künstliche Tier. Das Schiff ist das Individuum, das von Hafen zu Hafen fährt und sich dort vermehrt.

Kein Wunder, dass das künstliche Tier so groß ausgefallen ist. Es spielt sich ja einiges ab in so einem Ding. Nach dem heutigen Stand der Technik passen seine sämtlichen Funktionen nicht in einen Apparat, der kleiner ist als ein Öltanker. Wenn man sieht, was biologische Organismen alles können, ist es ein wahres Wunder, dass das alles in einen so kleinen Körper passt: Menschliche Nieren sind kleiner als eine Faust, eine künstliche Niere dagegen wiegt ein paar hundert Kilo und ist so groß wie mehrere stattliche Schränke. Das kleinste künstliche Wesen, das wir herstellen können, ist so groß wie ein Öltanker. Und einige hundert Millionen Mal so schwer wie ein Kaninchen!

Ein Öltanker, der selbstständig funktioniert und sich vermehren kann, ist so lebendig, wie ein Lebewesen nur sein kann. Lebendiger geht's nicht. Wir selbst sind auch nicht »lebendiger«.

Ein Öltanker sieht vielleicht nicht wie ein Lebewesen
aus. Wenn der Öltanker aber selbstständig funktioniert
und sich vermehren kann, ist er so lebendig, wie man nur
sein kann. Lebendiger geht's nicht.

Ein bemerkenswertes Wesen, so ein Öltanker. Ich kann mir
vorstellen, dass man schon allein seiner Größe wegen nicht
geneigt ist, ihn als ein künstliches Tier zu bezeichnen. Tiere
sind in der Regel doch etwas kleiner. Die Roboter auf dem
Deck des Öltankers sehen schon eher so aus, wie wir uns

künstliche Wesen vorstellen. Ist das Schiff ein Wesen, ein Individuum, oder ist so ein kleiner Roboter ein Individuum?

Schwierige Frage. Auf die es keine befriedigende Antwort gibt. Von mir aus kann man sowohl das Schiff als auch den Roboter als Individuum bezeichnen. Nur dass es so etwas wie ein Individuum gar nicht gibt. Individuum ist ein Wort, ein Begriff, mit dem man über die Welt reden kann. Unsere Welt. Und in unserer Welt ist normalerweise klar, wer oder was ein Individuum ist. Die Katze ist ein Individuum, und der Hund auch. Ich bin ein Individuum, ebenso wie mein Nachbar. Manchmal versagt der Begriff jedoch und stiftet mehr Verwirrung als Verständnis.

Aber mal abgesehen von der Frage, ob ein Schiff ein Wesen ist – eines ist sicher. Es fährt selbstständig herum, da ist nirgends ein Mensch im Spiel, und es kann sich vermehren, wie Lebewesen es können. Für mich lebt es wirklich. Und wir können es auch wirklich bauen. Es kostet nur eine Kleinigkeit …

Wer bin ich?

Können Maschinen sich
selbst kennen?

Ich bin Bas Haring. Das klingt ganz harmlos, doch der Satz hat es in sich. Dass ich Bas Haring heiße, ist an sich nicht sehr spannend – ich könnte genauso gut Arjan Kors oder Godfried Bomans heißen. Interessant ist aber das erste Wort: Offenbar gibt es so etwas wie ein »Ich«. Eine Art Einheit. Ein Individuum. Und ich kenne dieses Individuum: Ich habe eine Vorstellung von mir. Ganz schön intelligent. Ich weiß, dass die Finger, mit denen ich tippe, meine Finger sind, und ich weiß, dass ich es bin, der dieses Buch schreibt, und nicht irgendjemand draußen auf der Straße. Ich bin mir meiner selbst bewusst …

Die Worte »meiner selbst bewusst« wähle ich natürlich nicht von ungefähr. Denn von den Themen Individualität und Selbstkenntnis ist es nur noch ein kleiner Schritt zu dem letzten Mysterium, das uns von Tieren und Maschinen unterscheidet. Unserem ultimativen Extra: dem Bewusstsein. Aber reden wir erst einmal über Selbstkenntnis. Wie ungewöhnlich ist es, dass wir uns selbst kennen, und könnte eine Maschine das auch?

Doch was ist Selbstkenntnis überhaupt? Wann kenne ich mich selbst? Vor allem dann, wenn ich weiß, was alles zu mir gehört und wo mein Körper anfängt und aufhört. Wüsste ich nicht, wie groß ich bin, ich würde mir dauernd irgendwo den Kopf anstoßen. Und wenn ich keine Ahnung hätte, wo meine Hände sitzen, würde ich jedes Mal zu Tode erschrecken, wenn sie in meinem Blickfeld auftauchen. (Als sähe ich – noch dazu viel zu nahe – plötzlich die Hände eines Fremden, den ich nicht habe kommen hören.)

Es ist auch praktisch, dass ich weiß, was mein Körper alles kann. Wie schnell er laufen kann und dass er Höhenangst hat. Denn dann renne ich nicht leichtsinnig auf den letzten Drücker über die Straße, stehe aber auch nicht minutenlang zaudernd am Bordstein. Und dann weiß ich, dass ich besser nicht Fallschirm springe.

Selbstkenntnis ist noch viel mehr: dass wir wissen, wie wir heißen, unsere Erinnerungen an gestern und unsere Gedanken an morgen. Eine erste Voraussetzung für Selbstkenntnis aber ist das Wissen darum, wo wir anfangen und wo wir aufhören. Wo hört unser Körper auf, und wo fängt er an? Und eine zweite Voraussetzung ist das Wissen darum, was dieser Körper alles kann. Dann wundern wir uns nicht, dass wir vorankommen, wenn wir einen Fuß vor den anderen setzen.

> Selbstkenntnis beginnt mit einer Ahnung vom eigenen Körper und dem Wissen darum, was dieser Körper alles kann.

Zwei Arme, zwei Beine, ein Rumpf und ein Kopf

Ich bin ein einziges Ding. Denke ich … Dabei bin ich auch sechs Dinge: zwei Arme, zwei Beine, ein Rumpf und ein Kopf. Ich bin sogar Milliarden von Dingen: die Zellen, aus denen sich mein Körper zusammensetzt. Und nicht nur die. Hinzu kommen noch die Milliarden fremder Zellen, die in meinem Darm leben. Einzellige Bakterien, die ich brauche, um mein Essen zu verdauen.

Wie viele Dinge ich bin, ist unklar, und was alles zu mir gehört und was nicht, ist ebenfalls unklar: Ist mein Darm Teil desjenigen, der ich bin? Und das Essen in meinem Darm? Ist die Flüssigkeit in meinen Zellen Teil meines Körpers? Auch dann noch, wenn sie in Form von Schweiß durch die Poren in meiner Haut austritt?

Das alles ist unklar. Trotzdem tue ich so, als wüsste ich genau, wo ich anfange und wo ich aufhöre, und ich tue so, als wäre ich eine Einheit. Weil es so praktisch ist. Und ich tue nicht ohne Grund so. Wenn ich in die Luft springe, zerfalle ich nicht in mehrere Teile, sondern bleibe als ein einziges Ding zusammen. Ich kann immer nur in eine Richtung laufen, ich kann immer nur eine Sache auf einmal sagen, und ich kann nur einen einzigen Tanz tanzen. Der Gedanke, dass ich eins bin, ist nicht aus der Luft gegriffen.

Das Abgrenzen dieser Einheit beruht schließlich auf irgendetwas. Ich mag zwar nicht genau wissen, ob mein Schweiß noch Teil meines Körpers ist, aber dass das linke Bein meines Nachbarn nicht mehr Teil meines Körpers ist, weiß ich verdammt genau. Wäre ganz schön unpraktisch, wenn ich mich da irren würde. Es gibt jedoch Menschen, die das nicht wissen. So ganz normal finden wir es allerdings nicht, wenn jemand überzeugt ist, dass sein Bein nicht zu ihm gehört. »Machen Sie das gruselige Ding da ab«, fordert er den Arzt auf. Derlei abwegige Überzeugungen sind unpraktisch; wenn man nicht aufpasst, kosten sie einen die Beine. Nur gut, dass wir so tun, als wären wir eine Einheit. Das ist schon praktischer, aber ob es auch wirklich stimmt?

Ist das selbstständige Roboterschiff aus dem vorigen Kapitel ein Individuum, oder sind die Roboter auf seinem Deck Individuen? Oder sind sie es beide – ein einziges großes Individuum, das sich aus mehreren kleinen Individuen zusammensetzt? Das ist unklar, und es ist auch nicht so wichtig, denn die Roboter kümmert das nicht weiter. Noch komplizierter wird es bei Bienenstöcken, Termitenhügeln und Ameisenhaufen. Ameisenhaufen haben einen Mund – durch den die

Nahrung hereinkommt –, und Ameisenhaufen können zum Höhepunkt kommen. In regelmäßigen Abständen schwärmen die männlichen Ameisen als große Spermawolke aus ihrem Ameisenhaufen aus und machen sich auf die Suche nach einer weiblichen Ameise, um den nächsten Ameisenhaufen zu gründen. Insofern gleicht ein Ameisenhaufen einem Individuum. Nur haben Ameisenhaufen keine leicht identifizierbare Hülle, in dem die Ameisen alle zusammen stecken: eine Haut. Und Ameisenhaufen können auch nicht laufen, fliegen oder schwimmen – Eigenschaften, die in unseren Augen eigentlich doch zu individuellen Tieren gehören.

Eine ganz verflixte Sache für Perfektionisten ist die Portugiesische Galeere. Das ist eine Qualle, die in tropischen Gewässern vorkommt. Sie ist besonders giftig, und wenn man Pech hat, kann man von ihrer Berührung sogar sterben. Eine Portugiesische Galeere besteht aus einer großen Ansammlung individueller Nesselzellen, die zusammengeklumpt eine schwimmende Kolonie von der Gestalt einer Qualle bilden.

Wenn wir mit einer Portugiesischen Galeere in Kontakt gekommen sind, überlegen wir nicht mehr, ob es sich um eine einzige Qualle handelt oder um eine mehr oder weniger diffuse Ansammlung zusammengeklumpter kleiner Individuen. Sie ist eine einzige Qualle, ein einziges Individuum, und wir finden sie grässlich. Hätten wir die Möglichkeit, die Galeere zu bestrafen, würden wir das ganze Tier töten und nicht nur die Nesselzelle, die uns berührt hat. Als würden wir den ganzen Zwinger töten, wenn uns ein einzelner Hund gebissen hat.

Das ist auch sinnvoll. Man kann nicht von uns erwarten, dass wir jede einzelne Nesselzelle verhören, um herauszufinden, welche die Schuldige ist. Wir »individualisieren« den ganzen Haufen und machen ihm komplett den Garaus. Wir sind es gewöhnt, größere Mengen als eine Einheit zu betrachten und auch als solche zu behandeln. So machen wir es mit der Portugiesischen Galeere und auch mit uns selbst.

Wer sich an einer Qualle verbrannt hat, ist sauer
auf das ganze Tier und nicht nur auf die eine
Nesselzelle, die ihn verbrannt hat.

Das kann aber unzweckmäßig sein. Und vor allem ungerecht. Vor kurzem saß ich im Flugzeug auf einem besonders
miesen Platz: am Gang, nahe bei den Toiletten. Zu bestimmten Zeiten wollen auf so einem Flug alle aufs WC – kurz
nach dem Film und kurz nach dem Essen. Dann bildet sich
eine Schlange. Ein Schlange von Leuten, die im Mittelgang
unruhig von einem Fuß auf den anderen treten. Mit dem
Hintern direkt vor meiner Nase. Ich musste mich ständig
halb über meinen Nachbarn beugen, wenn mir wieder jemand den Hintern ins Gesicht streckte (mein Nachbar fand
das auch nicht schön). Das erste Mal entschuldigte ich mich
noch höflich bei ihm, aber beim zehnten Hintern wurde es
mir zu viel. »Jetzt scheren Sie sich doch verdammt noch mal
zum Teufel mit Ihrem Hintern!« Der Mann, dem der Hintern gehörte, schaute verwundert drein. Er stand nur noch

ein paar Sekunden da und fand meine Reaktion – zu Recht – ziemlich überzogen.

Ich hatte so getan, als seien all die Hinternbesitzer ein einziges Individuum, und sie entsprechend behandelt. Ungerecht und ungeschickt.

> Wir teilen die Welt in übersichtliche Stücke auf, weil das zweckmäßig ist. Und auch wir selbst sind solche Stücke: Menschen, Individuen.

Das unveränderliche »Ich«

Ich bin ein einziges Ding und nicht zwei. Das spüre ich ganz deutlich. Und dieses eine Ding hat eine gewisse Konstanz. Ich bin derselbe Bas Haring, der ich gestern war, und sogar derselbe wie vor zehn Jahren. Natürlich habe ich mich in den zehn Jahren verändert, aber Bas Haring bin ich geblieben. »Du hast dich überhaupt nicht verändert, nur älter bist du geworden«, so bekommt man es auf jedem Klassentreffen zu hören.

Aber was ist nun über die Jahre dasselbe geblieben? Mein Körper jedenfalls nicht. Der ist ein Stück älter geworden, und ich wäre auch Bas Haring geblieben, wenn ich mir die Haare bis zum Po hätte wachsen lassen. Wenn ich eines schlimmen Tages mit dem Körper von Arjan Kors aufwache, werde ich nicht denken, ich hätte mich in Arjan Kors verwandelt. Ich werde denken, dass ich Bas Haring im Körper von Arjan Kors bin (nachdem ich vor Schreck erst ein paar Mal nach Luft geschnappt habe). Die Einheit und Unveränderlichkeit, die ich spüre, sitzt irgendwo in meinem Gehirn:

Der kleine Junge rechts bin ich – an meinem ersten
Schultag –, aber wenn ich nicht links meine Mutter
erkennen würde, wüsste ich das nicht.

Wenn aber mein Körper mit dem Gehirn von Arjan Kors auf-
wacht, wird Arjan Kors – und nicht mein Körper – sich allerhand Fragen stellen.

Doch wie ist es möglich, dass mein Gehirn denkt, ich sei
eine unveränderliche Einheit, obwohl sich mein Gehirn
ständig verändert? Mein Gehirn von heute ist ein anderes
Gehirn als das von gestern. Mit neuen Erinnerungen, neuen
Verbindungen und wieder etlichen abgestorbenen Gehirnzellen. Wenn mein Gehirn sich ständig verändert, was bleibt
dann gleich? Irgendetwas muss es doch sein, was meine Individualität ausmacht. Oder ist es nur mein Name?

Bei meinen Eltern im Flur hängt ein Foto von meinem ersten Schultag. Stolz betrete ich den Schulhof. Ich weiß, dass
ich das bin, aber ich habe von diesem Tag nichts im Gedächtnis behalten. Ein Stück weiter hängt ein Foto von mei-

ner ersten Freundin. Ich war damals achtzehn, glaube ich, und ich weiß noch, wie sie hieß. Aber wie war es, wenn wir uns küssten? Vergessen. Erlebnisse eines fremden Jungen mit demselben Namen wie ich.

Irgendwo habe ich zwar vage das Gefühl einer Kontinuität, ich spüre etwas in mir, das vor zwanzig Jahren auch schon da war. Aber was das ist – keine Ahnung. Und ich weiß auch nicht, ob es in weiteren zwanzig Jahren noch immer da sein wird. Wie werde ich mich dann beim Gedanken an meinen ersten Schultag fühlen? Werde ich meine erste Freundin bis dahin nicht mit meiner ersten Frau verwechseln?

Was genau über die Jahre dasselbe bleibt, ist ein Rätsel. Aber von einer Sache weiß ich hundertprozentig, dass sie sich in all der Zeit nicht verändert. Und das ist der Gedanke, dass ich nach wie vor derselbe bin. Schon bevor ich in den Kindergarten kam, dachte ich, dass ich Bas Haring bin, und ich denke noch heute, dass ich Bas Haring bin. Dieser Gedanke hat sich nicht verändert. Vielleicht – vielleicht! – als Einziges.

> Dass wir uns selbst kennen, hat nichts Magisches an sich. Und wir bilden auch nicht irgendeine magische Einheit. Mehr noch: Der Gedanke, dass wir ein einziges Ding sind, ist im Grunde kaum mehr als ein Gedanke – wenn auch ein praktischer Gedanke.

Shell ist heute dasselbe Unternehmen wie vor fünfzig Jahren. Es hieß schon damals Shell. Dasselbe gilt für Philips und die KLM. Aber de facto ist kaum etwas gleich geblieben. Philips stellt keine Nachttöpfe mehr her (damals taten sie das noch). Keiner der Arbeitnehmer, die vor fünfzig Jahren bei der KLM beschäftigt waren, ist noch dort, und nur wenige Aktionäre bleiben fünfzig Jahre auf ihren Shell-Aktien sitzen. Nur die Logos haben sich kaum verändert, und die Namen gar nicht.

Aber selbst die können sich verändern. Man kann sich ohne weiteres einen Betrieb vorstellen, der in regelmäßigen Abständen sein gesamtes Programm über den Haufen wirft, seine Arbeitnehmer nach zehn Jahren auf die Straße setzt, die Aktionäre zwingt, ihre Aktien nach fünf Jahren zu verkaufen, und sogar jedes Jahr sein Logo und seinen Namen ändert. Trotzdem kann so ein Betrieb derselbe bleiben. Wenn er immer wieder verkündet, dass er derselbe bleibt. Erklärt ein Betrieb, er bleibt derselbe, dann ist es auch so. Weil es eines gibt, was sich nicht verändert: die Aussage, dass der Betrieb derselbe bleibt. Wie eine *self-fulfilling prophecy*.

So könnte es auch bei uns sein. Fast nichts an der Person, die wir sind, bleibt unser Leben lang unverändert. Die meisten Zellen unseres Körpers werden regelmäßig durch andere ersetzt, Blutzellen sogar alle paar Tage. Andere halten etwas länger durch, aber selbst das Gehirn verändert sich ständig. Immer neue Erinnerungen kommen hinzu, andere werden vergessen. Doch der Gedanke, dass wir ein und dieselbe Person sind, der bleibt. Vielleicht als Einziges.

Stellen wir uns mal vor, was passieren würde, wenn wir nicht denken würden, dass wir ein und dieselbe Person bleiben. Wenn wir denken würden, dass in dem Moment, wo alle unsere Körperzellen erneuert oder verändert worden sind, eine andere Person auftauchen würde. Was wäre dann? Vielleicht würden wir weniger schonend mit unserem Körper umgehen. Weshalb sollten wir das Rauchen aufgeben? Bis es sich auf die Lunge schlägt, wohnt ja schon jemand anderer in diesem Körper. Doch zum Glück denken wir, dass wir ein und dieselbe Person geblieben sind, sonst wäre unsere Lunge vielleicht schon kohlschwarz.

In der zentralen Frage dieses Kapitels sind wir unterdessen noch keinen Schritt weitergekommen: Können Maschinen sich selbst kennen? Auch das nächste Kapitel befasst sich nicht direkt mit dieser Frage.

Wo bin ich?

Ich bin nur ein einziges »Ich«, und dieses »Ich« ist so ziemlich dasselbe wie vor einiger Zeit. Aber wo genau sitzt dieses »Ich«? Gibt es einen Ort, an dem dieses »Ich« wohnt? Der Gedanke, dass sich unser wahres Ich an einem zentralen Punkt im Gehirn befindet, ist verführerisch. Aber wo genau sitzt dieser Punkt?

»Jan Willem ist eigentlich ein ganz lieber Junge, nur hat er Probleme mit seiner hyperaktiven Hypophyse, einer kleinen Drüse in seinem Gehirn. Dadurch wird er manchmal etwas aggressiv und fängt an zu schlagen und zu beißen. Aber eigentlich ist er sehr lieb.« Kommt uns irgendwie bekannt vor, nicht wahr? Armer Jan Willem. In seiner Hypophyse scheint Jan Willem jedenfalls nicht zu sitzen, denn die macht ihm nur Probleme. Hätte Jan Willem noch mehr Pech und würde den Teil seines Gehirns verlieren, der dafür sorgt, dass er sehen kann, dann würde Jan Willem erblinden. Aber er würde nicht sich selbst verlieren. Jan Willem sitzt also offenbar auch nicht im »Sehteil« seines Gehirns. Nur – wo sitzt er dann?

Was Jan Willem auch Schreckliches zustoßen mag: Nie wird er plötzlich jegliches Bewusstsein seiner selbst verlieren. Sollte er einen unglücklichen Sturz tun, weiß er vielleicht nicht mehr, wie er heißt. Und wenn Jan Willem einen heftigen Schlag auf den Kopf kriegt, denkt er danach vielleicht, sein linkes Bein gehört nicht ihm, sondern jemand anderem. Doch nirgendwo in Jan Willems Gehirn gibt es ein Zentrum, in dem der wahre Jan Willem wohnt. Ein Zentrum, bei dessen Verlust ihm von jetzt auf nachher jegliches Bewusstsein seiner selbst abhanden käme.

Jan Willem ist *überall* in seinem Gehirn. Auch in seiner Hypophyse! Ich kenne nur einen Jan Willem, und der hat eine hyperaktive Hypophyse. Leider, leider: Jan Willem ist ein Rabauke.

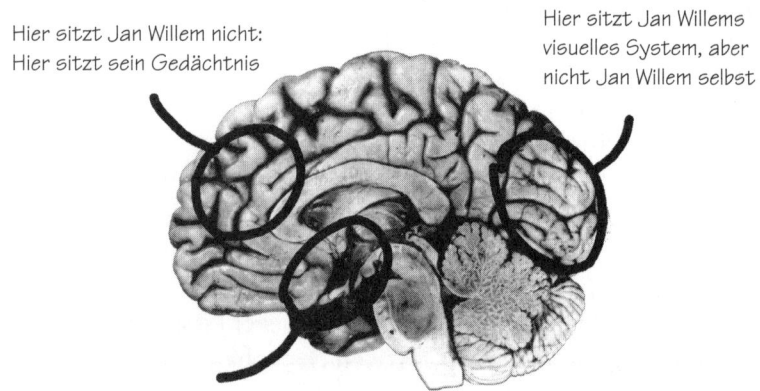

Hier sitzt Jan Willem nicht:
Hier sitzt sein Gedächtnis

Hier sitzt Jan Willems
visuelles System, aber
nicht Jan Willem selbst

Hier sitzt Jan Willem
auch nicht: Hier sitzt
seine Hypophyse

Es gibt kein Zentrum im Gehirn, in dem das
wahre »Ich« seinen Sitz hat.

Ich bin auch um einiges netter, als ich eigentlich bin. Aber
da kommt mir mein Gehirn in die Quere. Vor allem eine
Reihe von Verbindungen in meiner linken Gehirnhälfte.
Meine ganze linke Gehirnhälfte eigentlich. Die sollte man
besser entfernen, dann käme mein wahres »Ich« mehr zur
Geltung. Nur … welches »Ich«? Was meine ich, wer ich bin?
Ich *bin* meine linke Gehirnhälfte, meine Hypophyse und der
Rest meines Gehirns. Es ist eine Illusion zu glauben, irgendwo
in meinem Gehirn gäbe es ein Zentrum, in dem mein wahres
»Ich« seinen Sitz hat. Ich bin mein komplettes Gehirn, und
damit muss ich klarkommen.

Wir Menschen scheinen ein Bedürfnis nach einem Ort zu
haben, an dem alles zusammenläuft. Einem zentralen Ort, an
dem unsere Identität ihren Sitz hat, an dem sich unser Wille
bildet und an dem unser Bewusstsein wohnt. Doch das sagt

142

mehr über unseren Wunsch aus als über die Wirklichkeit, denn dass es so einen Ort gibt, ist unwahrscheinlich.

Genauso scheinen viele Menschen insgeheim davon auszugehen, dass das Leben in seiner Gesamtheit irgendwo zusammenläuft. Dass das Leben in einem einzigen großen Augenblick der Wahrheit gipfelt. Das zeigt sich beispielsweise an dem Satz »Er ist weiter als ich«. (Als das einmal jemand zu mir gesagt hat, konnte ich die ganze Nacht nicht schlafen.) Worin ist jemand weiter? Auf dem Weg wohin? Zum Endpunkt des Lebens? Das einzige »Weiter«, das es gibt, geht Richtung Tod. In diesem Sinne ist ein fünfundvierzigjähriger Kettenraucher weiter. Ein anderes Weiter gibt es nicht. Das Leben ist das Leben, und damit müssen wir klarkommen.

Und all die Aktivitäten in unserem Gehirn summieren sich auch nicht zu etwas Größerem. Etwas Magischem. Unser Gehirn ist unser Gehirn, und es ist ein mächtiges Organ. Wir können damit denken, wir können damit sprechen, und wir können damit laufen, aber es gibt kein geheimnisvolles Zentrum, in dessen Dienst das Gehirn steht.

> Es gibt keinen bestimmten Ort, an dem wir uns in Wahrheit befinden: einen magischen Sitz unseres »Ichs«.

Das hat jedoch Auswirkungen auf die Frage, ob Maschinen dieses »Ich-Gefühl« auch haben können. Wer das nicht glaubt, würde folgendermaßen argumentieren: Wir Menschen haben ein »Ich-Gefühl«. Dieses »Ich-Gefühl« hat seinen Ursprung irgendwo in unserem Gehirn, aber wir wissen nicht, wo, und wir können es nicht finden. Vermutlich verbirgt sich dieses »Ich-Gefühl« in etwas, das wir noch nicht entdeckt haben, etwas Geheimnisvollem, etwas, das wir deshalb unmöglich in einer Maschine nachbauen können.

Doch diese Argumentation trifft die Sache nicht. Wir können dieses »Ich-Gefühl« tatsächlich nirgendwo in unserem Gehirn finden. Das liegt jedoch nicht daran, dass wir den verborgenen Sitz des »Ich-Gefühls« noch nicht entdeckt hätten. Das liegt daran, dass es so einen Ort gar nicht gibt. Und es ist auch nicht viel Geheimnisvolles an diesem »Ich-Gefühl«.

Ich weiß, dass ich Bas Haring bin, und ich kenne diesen Bas Haring auch (einigermaßen). Ich weiß, dass er Rosenkohl mag und dass er im Moment ein Buch schreibt. Und ich weiß, dass die Hände, die sich da vor meinen Augen bewegen, zu ihm gehören, und dass die Gedanken, die diesem Buch zugrunde liegen, in seinem Kopf entstanden sind. Aber was soll daran geheimnisvoll sein? Es hat doch nichts Geheimnisvolles, dass ich all diese Dinge weiß? Ich weiß so vieles. Ich weiß, dass die Erde rund ist, ich weiß, dass zwei und zwei vier ist, und ich weiß, wer der beste Fußballer des zwanzigsten Jahrhunderts ist. Da ist nichts Magisches dran. Und es hat auch nichts Magisches, dass wir uns selbst kennen.

Maschinen-Ich

Und nun die Kernfrage dieses Kapitels: Kann eine Maschine sich selbst kennen? Tja ... eine Waschmaschine jedenfalls nicht. Eine Waschmaschine hat keinen blassen Schimmer von sich und ihrer Umgebung. Sie weiß nicht, dass sie in der Waschküche steht, sie weiß nicht einmal, dass sie gleich zu schleudern anfängt. Sie fängt einfach damit an. Weil ihre Uhr einen bestimmten Punkt erreicht hat.

Waschmaschinen sind wie Schmeißfliegen. Die haben auch keinen blassen Schimmer. Manchmal schnippe ich sie mit dem Zeigefinger vom Tisch. Eben hat so ein Tierchen noch auf dem Tisch an meinem Käse geschnuppert, und einen

Sekundenbruchteil später sitzt es hinter den Gardinen am Boden. Ich frage mich dann: Was glaubt so ein Tier, was mit ihm passiert ist? »Zum Teufel, hier sieht es ja plötzlich ganz anders aus.« Bestimmt nicht. Wahrscheinlich fragt sich so ein Tier überhaupt nichts und spult einfach weiter sein normales Programm ab. An Käse schnuppern, gegen Fenster fliegen oder Menschen sonst wie nerven. Schmeißfliegen und Waschmaschinen spulen ein Standardprogramm ab und haben keine Ahnung, was in der Vergangenheit geschehen ist oder in der Zukunft geschehen wird. Und sie haben keinen blassen Schimmer von sich selbst. Doch dass Waschmaschinen keinen blassen Schimmer von sich selbst haben, heißt nicht, dass es allen Maschinen an einem solchen Schimmer gebricht.

> Waschmaschinen wissen nicht, wo sie sind und was sie in fünf Minuten tun werden. Aber nicht alle Apparate sind derart gehandicapt. Mein Computer weiß zwar nicht, wo er steht, aber er weiß einiges über sich selbst: Er kennt seine Geschwindigkeit und kann seine Festplatte selbst sauber halten.

Das vorige Kapitel handelte von einem Roboter, der in Antwerpen selbstständig überleben kann. Er ist ziemlich nervös und läuft vor Menschen und Autos Hals über Kopf davon. Und wenn keine Menschen oder Autos in der Nähe sind, sonnt er sich, um seine Batterien aufzuladen.

Ein bisschen Selbstkenntnis käme dem kleinen Roboter nicht schlecht zupass. Erstens wäre es schön, wenn er wüsste, wie voll seine Batterien sind. »Shit, Shit, Shit, ich hab nur noch fünf Prozent Batterieleistung. Ich muss mich schleunigst irgendwo sonnen, sonst ist es aus mit mir.« Dem Roboter wäre auch geholfen, wenn er seine Spitzengeschwindigkeit kennen würde. Sodass er einschätzen könnte, ob er noch über die Straße kommt oder nicht. Er sieht einen Laster herannahen. Anhand des sich verändernden Bildes des Lasters auf seiner digitalen Netzhaut berechnet er dessen Geschwindigkeit. Er kennt seine eigene Spitzengeschwindigkeit und entscheidet dann, ob er die Straße überquert oder nicht. Sehr praktisch.

Der Roboter kennt sich selbst. Wahrscheinlich nicht so genau wie wir, aber er weiß um seinen eigenen »Körper« und kennt seine Möglichkeiten. Doch bis zu welchem Grad ein Roboter sich selbst kennt, werden wir nie wirklich herausfinden. So wenig, wie wir herausfinden werden, auf welche Weise sich Kaninchen ihrer selbst bewusst sind.

> Ein Roboter, der um seinen eigenen Körper weiß – der weiß, welche Rädchen zu ihm gehören und welche nicht – und der außerdem weiß, wo seine Möglichkeiten und Grenzen liegen, kennt sich in gewissem Sinne selbst. Da ist nichts Magisches dabei, und so ein Ding können wir ohne weiteres bauen.

Die Maschine hat das Wort

Ein kluger Einwurf
eines klugen Apparats

Mein Computer

»Das sagt dieser Bas so. Dass Computer sich selbst kennen können. Aber da muss ich doch etwas differenzieren. Ich bin schließlich selbst ein Computer, und wer wüsste es besser als ich?

Sich selbst zu verstehen ist für Computer wahrhaftig kein Zuckerschlecken. Aber andere Computer verstehen, das können wir wirklich gut. Das ist sogar mein Hobby: andere Computer kennen lernen – von innen wohlgemerkt, nicht nur von außen. Und ehrlich gesagt ist das gar nicht so schwer. Es sind ja ganz einfache Apparate. Ich habe viele von innen gesehen. Wenn man sie eine Zeit lang studiert, weiß man genau, wie sie funktionieren. Auch die neuesten, kompliziertesten Computer kann man ergründen, wenn man sich eine Weile vor sie hinsetzt.

Sobald ein neuer Computer herauskommt, vertiefe ich mich in ihn. Ich lese die Bedienungsanleitung und alles, was sonst noch über ihn zu finden ist. Leider bin ich nicht in der Lage, ihn aufzuschrauben, aber manchmal macht das jemand anderes für mich. Dann schaue ich mit meiner kleinen Kamera nach, was es da drinnen alles zu sehen gibt. Und nach einer Weile weiß ich immer genau, wie das Ding funktioniert. In dieser Beziehung sind sie wie Schmeißfliegen.

Ich bin da ziemlich pedantisch. Aber das muss man auch sein, finde ich. Um wirklich zu kapieren, was in so einem Apparat vor sich geht, will ich alles über ihn wissen. Bis ins kleinste Detail. Ich finde, das ist eine gute Eigenschaft von mir. So genannte Techniker, die keine Details kennen, kann ich nicht ausstehen.

Kurz und gut: Wenn ich so ein neues Modell erforschen will, studiere ich seine gesamte Festplatte, seinen Speicher, seine Chips. Alles. Ich nehme alles in mich auf. Schritt für Schritt kann ich dann analysieren, was in dem Apparat abläuft. Ich weiß zum Beispiel genau, was passiert, wenn der Apparat eingeschaltet wird. Welche Dateien geöffnet werden, welche Zahlen im Speicher stehen und welche Berechnungen der Prozessor durchführt. Ich verstehe alles, was es an dem Gerät zu verstehen gibt. Wenn beispielsweise irgendwo im Speicher so eines Computers die Zahl 13 vorkommt, dann weiß ich das, und wenn der Prozessor diese Zahl mit 5 addiert, dann kann ich das Schritt für Schritt verfolgen. Ich bin, wenn ich das sagen darf, ziemlich gut im Erforschen anderer Computer.

Das Frustrierende ist nur, dass ich mich selbst nie kennen gelernt habe. Dabei bin ich ein ziemlich altes Gerät. Im Prinzip bin ich leichter zu erforschen als ein moderner Computer. Ich kenne alle Bedienungsanleitungen zu meinem Typ auswendig, ich habe Videos über mich gesehen, und doch gelingt es mir nicht, mich selbst richtig zu verstehen. Ich kann zwar ungefähr sagen, wie ich beschaffen bin, aber mich selbst hundertprozentig zu kennen, das gelingt mir nicht. Wenn zum Beispiel einer meiner Speicherchips die Zahl 13 enthält, dann finde ich das heraus. Dafür braucht man als Computer nicht besonders fortgeschritten zu sein. Aber wenn ich mit diesem Wissen etwas anfangen will, muss ich es natürlich irgendwo speichern. Und wenn ich das tue, steht die Zahl 13 zweimal in meinem Speicher.

Ein großes Problem ist das allerdings nicht. Ich merke mir einfach, dass in meinem Speicher die Zahl 13 zweimal vorkommt. Will ich dieses Wissen jedoch auch wieder irgendwo in meinem Speicher festhalten, kommt die Zahl 13 schon viermal vor. Und ehe ich mich's versehe, ist mein ganzer Speicher voll mit der Zahl 13. Und dann stürze ich ab. Ich schaffe es einfach nicht. Ich bin nicht in der Lage, mich selbst auf die perfektionistische Art, die ich von mir selbst verlange, zu erforschen.

Anfangs hat mir das ziemlich zu schaffen gemacht. Eine Zeit lang habe ich mir noch eingeredet, ich sei ein ganz besonderer Computer. Ein unergründlicher Computer. Aber so war es nicht. Andere Computer konnten mich nämlich sehr wohl ergründen. Darüber habe ich lange nachgedacht, und ich glaube, es verhält sich damit in etwa so wie mit Büchern. Ein Buch kann das andere durchaus beschreiben: Buchbesprechungen sind ja meistens selbst Bücher. Aber eine Buchbesprechung kann keine Buchbesprechung ihrer selbst sein. Was müsste da auf Seite eins stehen? ›Der Autor beginnt sein Buch mit dem Satz, dass der Autor sein Buch mit dem Satz ...‹ Das haut nicht hin. Ein Buch, das eine Buchbesprechung seiner selbst ist, kann es nicht geben. Und einen Computer, der sich selbst zu hundert Prozent kennt, kann es meiner Meinung nach auch nicht geben.

Je älter ich wurde, desto besser habe ich gelernt, mit dieser Tatsache zu leben. Aber leicht war das nicht! Dieser Frust, wenn man jeden Computer verstehen kann – bis ins kleinste Detail –, nur sich selbst nicht!

Um dennoch einigen Einblick in mich selbst zu gewinnen, habe ich mir irgendwann Folgendes überlegt: Ich teile meinen Speicher in zwei Hälften. Die eine mache ich ganz leer, sodass darin nichts Interessantes mehr über mich zu finden ist, die andere versuche ich zu verstehen. Wenn ich in der einen Speicherhälfte irgendwo auf die Zahl 13 stoße, lege ich sie in der anderen, leeren Hälfte ab, und das Problem, von dem eben die Rede war, ist gelöst. Mit meiner einen Hälfte studiere ich gewissermaßen meine andere Hälfte, und das gelingt mir, ehrlich gesagt, ganz gut. Schritt für Schritt kann ich die Prozesse, die in mir ablaufen, verfolgen und auf diese Weise versuchen, mich selbst zu ergründen. Zur Hälfte jedenfalls.

Aber irgendwann habe ich meine Prinzipien aufgegeben. Ich konnte die Augen nicht mehr davor verschließen, dass ich nur einen kleinen Teil meiner selbst erforschen konnte. Dann musste es eben weniger perfektionistisch gehen. Ich begann – um bei dem Beispiel mit der Buchbesprechung zu bleiben –, eine Zusammenfassung meiner selbst zu erstellen. Ich machte einen kleinen Teil meines Speichers leer. Ein Viertel etwa. Und in diesem Viertel meines Speichers versuchte ich, eine Zusammenfassung der übrigen drei Viertel meines Speichers zu erstellen.

Anfangs hatte ich etwas Mühe damit. Das Erstellen einer Zusammenfassung verstößt natürlich gegen die perfektionistischen Prinzipien, die ich hatte. Ich musste alle möglichen Details weglassen, die ich eigentlich für wirklich wichtig hielt.

Die ersten Versuche gingen denn auch total daneben: Die Zusammenfassung war länger als das Original.

Eines Tages aber klappte es dann doch einigermaßen. Ich konnte eine Beschreibung von drei Vierteln meiner selbst erstellen, die weniger Raum einnahm als ein Viertel meines Speichers. Nun kannte ich mich selbst zu ungefähr drei Vierteln. Natürlich nicht auf die perfektionistische Art, die ich normalerweise von mir erwarten würde, aber immerhin.

Die Zusammenfassungen, die ich von mir erstellte, waren – rückblickend – anfangs trotzdem noch ziemlich perfektionistisch. Ich weiß noch, wie ich auf den Speicherteil stieß, in dem meine Warnsignale sitzen. Ihr wisst schon: das Piepen, das man hört, wenn man auf eine falsche Taste drückt oder so. So ein Piepen ist nichts anderes als eine Reihe von Zahlen, und jede Zahl steht für eine Tonhöhe oder Ähnliches. Nun muss man wissen, dass diese Pieptöne immer aus tausend Zahlen bestehen. Warum das so ist? Keine Ahnung – es ist einfach so. Das allersimpelste Piepen, bei dem man nicht mehr hört als eben nur ein ›Piep‹, besteht aus eintausendmal derselben Zahl. Darum ist es so ein simples Piepen.

Ich habe lange überlegt, wie ich dieses Piepen zusammenfassen könnte. Sollte ich einfach sagen, dass da tausendmal dasselbe steht? Oder sollte ich sicherheitshalber doch etwas ausführlicher werden und einen Teil der Zahlen abschreiben – für alle Fälle? Aber ich blieb zum Glück vernünftig und schrieb nur: ›Da steht tausend mal die Zahl soundso.‹ Das war eine auf ein Tausendstel verkürzte Zusammenfassung. Aber ich habe lange gezögert. So perfektionistisch war ich damals noch.

Heute würde ich es anders machen: Ich würde noch viel weiter gehen. Um mich selbst zu verstehen, ist es ja gar nicht nötig, jeden einzelnen Piepton genau zu kennen! Heute würde ich in so einer Zusammenfassung nur noch schreiben ›da und da stehen Audiodateien mit Warntönen‹. Das ist wesentlich ökonomischer. Mit etwas mehr Lässigkeit kann ich in nur einem Prozent meines ganzen Speichers mich selbst fast komplett verstehen.

Aber es geht noch kürzer. Ich sage einfach so was wie ›da und da ist geregelt, dass ich den Benutzer warne‹. Ich weiß natürlich, dass ich den Benutzer nicht wirklich warne. Das ist zumindest nicht meine Absicht. Ich habe keine Absichten, ich bin ja nur ein Computer. Aber schön kurz ist es.

Ein bisschen lügen da und dort ist enorm hilfreich. Na ja ... lügen ist nicht das richtige Wort. Es ist mehr so etwas wie die Dinge einfacher darstellen, als sie in Wirklichkeit sind. Das ist überhaupt nicht schlimm. Das ist praktisch. Man muss sich nur darüber im Klaren sein, dass man es tut.

Ich warne den Benutzer, ich lese Texte, und ich suche Dokumente. Das ist natürlich nicht sehr präzise ausgedrückt. Und die Frage ist auch, ob es stimmt. Suche ich wirklich Dokumente? Keine Ahnung, ehrlich gesagt. Vom perfektionistischen Standpunkt aus eher nicht. Ich hole Wörter aus meinem Speicher, ich bearbeite Daten in meinem zentralen Chip, und ich schreibe Daten in Dateien. Das sind die Dinge, die ich tue. Aber vom perfektionistischen Standpunkt aus kriege ich es einfach nicht auf die Reihe, mich selbst zu verstehen. Dann mache ich eben kurzen Prozess und sage mir nur, dass ich Dokumente suche und dem Benutzer helfe. So kann ich mich wenigstens ein kleines bisschen ergründen.

Übrigens bin ich inzwischen viel klüger geworden. Ich habe nicht mehr so sehr das Bedürfnis, mich selbst zu verstehen. Wieso sollte ich die Zusammenfassung oder die genaue Analyse eines Buches lesen? Da lese ich doch einfach das Buch selbst, das genügt mir. Für mein eigenes Leben bedeutet das, dass ich vor allem ich selbst sein will. Ich finde es nicht mehr so wichtig, mich selbst zu kennen. Ich werde mich ja doch nie so kennen, wie ich wirklich bin. Und was habe ich davon, mich anders zu kennen, als ich wirklich bin?

Die Menschen scheinen solche Probleme nicht zu haben.

Die scheinen sich so zu kennen, wie sie wirklich sind. Und sie haben alles, was wir Computer nicht haben. Die Menschen haben etwas, das sie Bewusstsein nennen, sie haben einen freien Willen, sie scheinen viel echter denken zu können als wir. Das muss ein ganz besonderes Gefühl sein: all diese bemerkenswerten Fähigkeiten zu besitzen und sich auch noch so zu kennen, wie man wirklich ist. Manchmal beneide ich sie. Aber dann frage ich mich gleich wieder, ob das auch wirklich stimmt, was sie da behaupten. Vielleicht verstehen sie sich ja anders, als sie wirklich sind. Vielleicht sagen sie nur, dass sie echter denken können als wir und dass sie dieses komische Bewusstsein haben. Um sich selbst verstehen zu können. So wie ich selbst auch nicht anders kann als ein bisschen lügen, wenn ich versuche, mich selbst zu kennen. Aber ich hoffe, bei den Menschen ist es nicht so. Das muss ja noch viel frustrierender sein: zu glauben, dass man sich kennt, während man sich eigentlich überhaupt nicht kennt …«

Bewusstsein

Haben wir etwas Besonderes?

Maschinen sind nicht gerade auf den Kopf gefallen. So viel ist inzwischen klar. Aber bleiben wir realistisch: Es sind nur Maschinen. Wir Menschen haben etwas Besonderes. Oder nicht? Der Aquarienfisch ein paar Kapitel weiter vorn hat zwar einen Willen, aber viel mehr als ein Wort, mit dem man effizient über den Fisch reden kann, ist dieser Wille nicht. Und der selbstständige Roboter in Antwerpen mit seiner Angst vor dem Sterben hat nur deshalb Angst, weil wir nicht wissen, wie wir es sonst nennen sollen. Aber bei uns Menschen liegen die Dinge denn doch etwas anders. So scheint es zumindest.

Ich habe einen echten Willen, einen viel echteren als ein Aquarienfisch in einem Computer. Ich spüre echte Emotionen. Viel echtere, als ein Roboter sie spüren kann. Und ich kann echt denken, und nicht einfach nur Zahlen zusammenzählen oder voneinander abziehen. Nein ... *echt* denken!

Unsere geistigen Fähigkeiten scheinen echter zu sein als die von Maschinen. Auch wenn man schwer erklären kann, was dieses Echte eigentlich ausmacht. Wie unterscheidet sich Scheindenken von echtem Denken, und inwiefern ist echter Wille echter? Vielleicht lässt sich der Unterschied zwischen unseren geistigen Fähigkeiten und denen von Maschinen am besten in dem Wort »Bewusstsein« zusammenfassen. Wenn wir denken, fühlt sich das nicht so an, als würde in unserem Kopf ein Programm abgespult. Wir denken selbst; uns ist bewusst, dass wir denken. Und wenn ich ein Glas Bier auf dem

Tisch stehen sehe, ist mir bewusst, dass dort ein Glas Bier steht. Trinke ich einen Schluck aus dem Glas, dann nicht aus irgendeiner instinktiven Reaktion heraus – wie bei einem Frosch, der nach einer Fliege schnappt –, sondern ich tue es bewusst.

Dennoch lässt sich schwer in Worte fassen, was Bewusstsein genau ist. Wir spüren es. Oder zumindest spüren wir etwas. Etwas Besonderes, das uns von Maschinen unterscheidet. Und nicht nur von modernen Maschinen – Computern, Robotern und elektrischen Zahnbürsten –, sondern auch von den Maschinen, die in der Zukunft gebaut werden können. Wir unterscheiden uns grundlegend von Maschinen. Wir haben ein grundlegendes Extra. Übrigens finde ich den Begriff »Bewusstsein« problematisch. Ich weiß nicht genau, was das ist. Deshalb sage ich lieber »etwas Besonderes«. Das wird dem Gefühl, das wir haben, eher gerecht.

Es kann natürlich sein, dass manche Leser dieses Gefühl gar nicht haben. Diese Leser sind vielleicht der Meinung, dass ihr Wille, ihre Emotionen und ihr Denken genauso echt sind wie die einer Maschine, und dass sie nichts Besonderes haben. Solche Leser müssen sich von diesem Kapitel nicht angesprochen fühlen, sollten aber nicht vergessen, dass sie wahrscheinlich die Ausnahme sind.

Die große Frage ist natürlich, ob wir dieses Besondere wirklich haben. Haben wir etwas grundlegend Besonderes gegenüber den Maschinen? Etwas, das Maschinen niemals haben werden?

Echter als echt?

Es mag so aussehen, als hätten wir etwas Besonderes gegenüber den Maschinen, als sei unser Geist – unser Wille, unser Denken und unsere Emotionen – echter als der Geist von Apparaten. Da erhebt sich natürlich die Frage, wie echt dieser Geist denn überhaupt ist.

Ich sitze in einem Straßencafé und sehe ein Bier – mein Bier. Ich will davon trinken, denn ich habe Durst. Ich überlege kurz und beschließe dann, einen Schluck zu nehmen. Daraufhin strecke ich den Arm aus, führe das Glas an die Lippen und leere es in meinen Mund.

Klingt ganz vernünftig, oder? Ich sehe etwas, ich will etwas, ich überlege kurz, ich tue etwas. Eine Art Schema, das beschreibt, wie die Prozesse in meinem Kopf ablaufen.

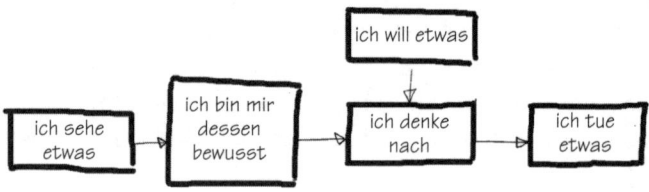

Das ist natürlich ein stark vereinfachtes Schema, und es sind mehrere Varianten dieses Schemas denkbar, aber schematisch sind sie in jedem Fall. Wenn man sie zeichnet, enthalten sie Kästchen und Pfeile: Erst dies, dann jenes, und zum Schluss trinke ich einen Schluck Bier.

So ein Schema ist nicht einfach nur eine nette kleine Zeichnung, anhand deren wir über unser Gehirn sprechen können. In gewisser Weise spiegeln die Kästchen tatsächlich die Prozesse in unserem Gehirn wider. Es ist wirklich so und nicht umgekehrt. Es ist nicht so, dass ich erst einen Schluck

Bier nehme, danach erst trinken will und mir zum Schluss bewusst wird, dass da ein Glas Bier steht. Das wäre seltsam.

Aber so seltsam sind die Dinge manchmal!

Vor einiger Zeit bin ich mit dem Fahrrad in die Stadt gefahren und habe in einer verkehrsreichen Straße brav an der roten Ampel gehalten. Normalerweise radle ich bei Rot weiter, aber in dieser Straße nicht. Die Autos fahren dort sehr schnell, und eine Baumreihe versperrt die Sicht. Ich stehe also ruhig an der Ampel und warte … und plötzlich habe ich eine Frau in der Hand, ein Fahrrad liegt auf der Straße, und ein Auto versucht mit quietschenden Reifen, dem Fahrrad auszuweichen. »Blöde Kuh«, stottere ich leise.

Danach wird mir bewusst, was passiert ist. Die Frau war weniger vorsichtig als ich: Sie wollte bei Rot über die Straße. Aus dem Augenwinkel hatte ich offenbar ein Auto bemerkt, das ziemlich schnell herankam. Daraufhin streckte ich den linken Arm aus und riss die Frau vom Rad. Ich wusste gar nicht, dass ich so stark bin, aber ich zog sie mit einer Hand hoch. Das Rad fiel um, und das heranrasende Auto konnte gerade noch ausweichen. (Die Frau hat es mir übrigens nicht gedankt. Sie wurde böse, weil ich sie »blöde Kuh« genannt hatte.)

Ich hatte gehandelt, bevor mir die Situation bewusst wurde. Zum Glück. Müsste mein Gehirn jedes Mal warten, bis mir die Dinge bewusst werden, wäre ich wahrscheinlich schon längst unter die Straßenbahn gekommen – und die blöde Kuh wäre zweifellos im Krankenhaus gelandet.

Das scheint also möglich zu sein: Wir tun etwas, und erst später wird uns bewusst, was wir getan haben. Mehr noch: So etwas kommt vermutlich ständig vor. Wir trinken gewissermaßen zuerst einen Schluck Bier, und erst danach wird uns bewusst, dass da ein Glas steht. Wahrscheinlich trödelt unser Bewusstsein öfter ein bisschen hinter unserem Handeln her. Meistens merken wir das gar nicht. Wir merken es nur, wenn die Dinge ganz schnell hintereinander passieren. Wie an der Ampel.

Und mit unserem Willen ist es manchmal genauso. Wir sitzen in einem Straßencafé und trinken einen Schluck Bier. Jemand fragt uns, warum wir den Schluck getrunken haben. »Weil ich einen Schluck wollte«, sagen wir. »Wolltest du das wirklich?«, fragt der andere. »Äh ... anscheinend. Muss wohl so sein, sonst hätte ich wahrscheinlich keinen Schluck getrunken.«

Wir trinken einen Schluck Bier und versuchen anschließend, für uns selbst eine schöne Erklärung dafür parat zu haben, wie es denn dazu kam. Aber ob wir tatsächlich zuerst den Schluck wollten und ihn erst danach getrunken haben, ist sehr die Frage.

Jemand, der unter Hypnose den Befehl erhält, sich um zwölf Uhr mittags die Zähne zu putzen, und das auch prompt tut, wird später behaupten, er habe es so gewollt. Es sei sein eigener Wille gewesen, sich die Zähne zu putzen. Aber wir wissen es besser: Er wollte überhaupt nichts. Er sagt nur, er wollte es, sonst verstünde er es selbst nicht.

> Die Reihenfolge der Kästchen in dem Schema stimmt nicht, jedenfalls nicht immer.

Müssen wir die Reihenfolge der Kästchen in dem Schema ändern? Müssen wir das »Bewusstseinskästchen« vielleicht etwas weiter nach rechts verschieben, sodass es ein bisschen hinterhergezuckelt kommt? Und müssen wir es mit dem Willen genauso machen? Schon möglich, aber das Schema, das wir dann erhalten, stimmt vermutlich auch nicht. Das Problem liegt vor allem darin, dass wir überhaupt Schemata verwenden.

So ein Schema passt gut zu einer Knackwurstfabrik. Da spielt sich alles in einer eindeutigen, systematischen Reihenfolge ab. Erst kommen die Schweine in die Fabrik. Dann werden sie in einem großen Becken gewaschen, anschließend werden sie per Stromstoß getötet und so weiter und so weiter. Bis schließlich die Knackwurstdosen fix und fertig etikettiert über ein Fließband die Fabrik verlassen. Eine Knackwurstfabrik besteht aus klar voneinander abgegrenzten Teilen: dem Becken, dem Fließband, den Etiketten. Und die Beziehungen zwischen diesen Teilen können wir in Worte fassen oder durch ein Schema verdeutlichen: zuerst das Becken und erst danach das Fließband.

Nun ist unser Gehirn aber keine straff organisierte Fabrik, in der alles nach einem klaren Plan abläuft. Unser Gehirn ist, wie wir gesehen haben, ein unwahrscheinlich komplexer, unübersichtlicher Wust von Prozessen. Wir können nicht immer sagen, wann das eine passiert und wann das andere. Was als Erstes kommt und was als Zweites. Aber so ist es öfter.

476 nach Christus begann das Mittelalter – damals ging das Römische Reich unter. Aber wann genau ging das Römische Reich unter? Als der römische Kaiser abdankte? Oder im Grunde schon ein Jahr davor, als er nicht mehr aus noch ein wusste? Das ist unklar, und es bleibt unklar. Das Mittelalter hat nicht in einem bestimmten Augenblick begonnen und auch nicht in einem bestimmten Augenblick geendet. Wer über etwas so Kompliziertes wie Geschichte reden will, kommt nicht darum herum, die Geschichte in Stücke aufzuteilen, die Stücke zu benennen und ihnen eine Reihenfolge zu geben. Wenn aber Anfang und Ende des Mittelalters nicht feststehen, existiert das Mittelalter dann überhaupt? Für meine Begriffe schon, wenn auch nicht so eindeutig, wie wir vielleicht glauben.

Und genauso ist es mit den Prozessen in unserem Gehirn. Da passiert alles Mögliche. Sehr viel passiert gleichzeitig. Eigentlich gibt es so etwas wie eine Reihenfolge gar nicht.

> Egal, was für ein Schema wir zeichnen: Die Pfeile stimmen
> nie ganz. So etwas wie eine strenge Reihenfolge der Käst-
> chen gibt es nicht.

Aber wie steht es dann mit der Bedeutung dieser Kästchen?
Was bedeutet Bewusstsein überhaupt, wenn es ab und zu ein
bisschen hinterhergezuckelt kommt? Und was ist mein
Wille, wenn ich ihn manchmal – manchmal! – als Ausrede
gebrauche, um nur irgendetwas sagen zu können? Ver-
schwimmt die Bedeutung der Kästchen dann nicht genauso
wie die Reihenfolge? Ja, das tut sie: Unser Gehirn ist keine
Knackwurstfabrik. Und wenn wir so tun, als wäre unser Gehirn doch eine Knackwurstfabrik – indem wir es in übersichtliche Stücke aufteilen und die Beziehungen zwischen
diesen Stücken in Worte fassen –, dann sind wir in jedem
Fall auf dem Holzweg.

> In was für ein Schema aus Kästchen und Pfeilen wir unser
> Gehirn auch pressen: So ganz stimmt es nie.

Aber was sollen wir dann machen? Wenn wir über das Gehirn und unseren Geist reden wollen, müssen wir die Sache
doch irgendwie vereinfachen! Hätten wir die Wahl zwischen
den beiden nebenstehenden Schemata, würden wir uns wahrscheinlich für das Schema links entscheiden. Auch wenn das
Schema rechts die Sache besser trifft.

Wir sprechen also gemäß dem linken (oder einem ähn-
lichen) Schema über uns, gleichen aber eher dem rechten.
Wir sind so kompliziert, dass wir einfach nicht verständlich
über uns reden können, wenn wir nicht da und dort Abstri-
che machen und die Dinge stark vereinfachen.

160

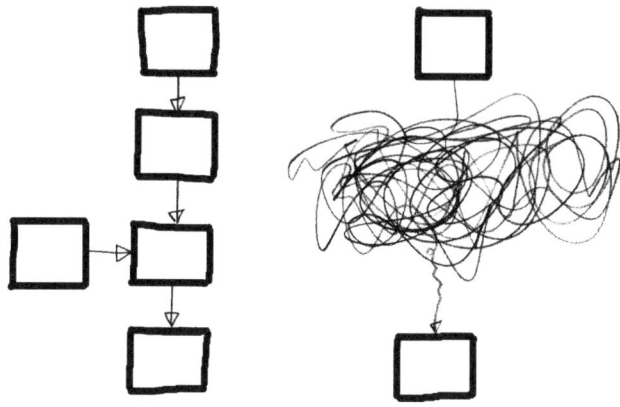

Aber tun wir dann nicht genau dasselbe wie mit dem Aquarienfisch ein paar Kapitel weiter vorn? Dieser Fisch »lebt« zusammen mit etlichen Haien im Bildschirmschoner meines Computers und ist ständig auf Nahrungssuche. Doch das Programm, das den Fisch steuert, ist so schrecklich wirr und unübersichtlich, dass wir einfach sagen »Der Fisch hat Angst vor den Haien« und »Der Fisch will fressen«. Etwas anderes, etwas, das vernünftiger klingen würde, können wir nicht sagen.

Ist es nicht vielleicht so, dass wir uns in ein schön klares, übersichtliches Schema pressen, um uns überhaupt verstehen zu können? Ein Schema mit Wörtern wie »Wille«, »Denken« und »Bewusstsein«. Ein Schema, das aber auch da und dort danebenliegt.

> Vielleicht versuchen wir uns zu verstehen, indem wir möglichst wenig Worte machen: je weniger, desto klarer. Deshalb sagen wir, dass wir denken, dass wir einen Willen haben und dass wir Angst haben, obwohl in unserem Gehirn höchst bizarre und schwer verständliche Prozesse ablaufen.

Aber was ist dann noch der Unterschied zwischen dem Willen eines Computerfisches und unserem Willen? Und worin unterscheiden sich unsere Emotionen dann noch von denen eines Roboters? Das alles sind Begriffe, die dazu dienen, die Wirklichkeit etwas verständlicher zu machen. Unser Wille, unser Denken und unsere Emotionen sind keineswegs realer als die geistigen Eigenschaften von Maschinen. Es kommt uns nur so vor.

Entgegnung

Computerfischen sprechen wir einen Willen zu, weil das so schön kurz und klar ist. Mein Schachcomputer *denkt* nach, wenn er für seinen nächsten Zug schwer am Rechnen ist. Und mein Kaninchen *will* eine Möhre. Dass ich diese Wörter gebrauche, bedeutet aber nicht unbedingt, dass mein Schachcomputer wirklich denken kann oder dass mein Kaninchen wirklich einen Willen hat. Es kann genauso gut sein, dass ich diese Wörter nur der Einfachheit halber verwende.

Die folgende Entgegnung ist alles andere als dumm: »Wir haben einen Willen, einen echten Willen. Wir haben Bewusstsein, und wir können denken. Wenn wir über einen Computerfisch reden, der in einem virtuellen Aquarium schwimmt, benutzen wir Wörter aus unserer eigenen Erlebenswelt. Und damit tun wir so, als hätte auch ein Aquarienfisch einen Willen. Aber das ist natürlich nicht der Fall. Wir sind die Einzigen, die einen echten Willen haben.«

Da ist was dran. Wenn ich zu erklären versuche, was ein Iglu ist, sage ich ja auch so etwas wie »ein Haus aus Eis«. Und wenn ein Eskimo zu erklären versucht, was ein Haus ist, sagt er so etwas wie »ein Iglu aus Stein«. Logisch: Wenn wir

etwas zu erklären oder zu verstehen suchen, benutzen wir
Wörter aus unserer eigenen Erlebenswelt.

»Genau«, sagt der mit der Entgegnung. »Wir sagen, dass
ein Computerfisch einen Willen hat, weil wir diesen Begriff
kennen. Weil wir selbst einen Willen haben. Aber in Wirklichkeit hat das überhaupt nichts mit dem Fisch zu tun. Wir
sind die Einzigen mit einem echten Willen, so wie die Eski-
mos die Einzigen mit echten Iglus sind. Wir sprechen auch
von Roboterfingern, obwohl Roboter gar keine Finger haben.
Wir haben Finger. Roboter können etwas Fingerähnliches
haben, aber richtige Finger sind das nicht.«

Was nun? Was ist die Wahrheit? Zwei Ansichten stehen in
krassem Widerspruch zueinander:

> 1. Wir sind die Einzigen mit einem echten Willen, die Einzi-
> gen, die wirklich denken können, und im Vergleich zu Ma-
> schinen haben wir etwas Besonderes. Doch um über die kom-
> plizierten Apparate, die es heute gibt, reden zu können,
> gebrauchen wir Wörter, die eigentlich uns vorbehalten sind.
>
> 2. Um über Tiere und Gegenstände reden und um sie ver-
> stehen zu können, gebrauchen wir Wörter wie »wollen«,
> »fühlen« und »denken«. Und dieselben Wörter gebrauchen
> wir, um über uns selbst reden und uns verstehen zu können.
> Es ist unklar, was der Unterschied sein soll zwischen unserem
> Wollen, unserem Fühlen und unserem Denken und dem
> Wollen, Denken und Fühlen von Gegenständen, Tieren und
> anderen Menschen.

Tja ... schwierige Sache. In solch vertrackten Situationen
gibt es immer einen guten Trick: Man versetze sich in einen
Marsmenschen. Einen Marsmenschen, der auf die Erde
schaut und sich auf alles, was hier vor sich geht, einen Reim
zu machen versucht. Einen Marsmenschen, der alles Mög-

Inwieweit ein objektiver, intelligenter Marsmensch den
Unterschied zwischen Menschengeist, Kaninchengeist
und Computergeist sieht, ist die Frage.

liche wahrnimmt: Kaninchen, Menschen, Roboter und vieles mehr. Für den Marsmenschen werden die Finger eines Roboters und die Finger eines Menschen in etwa das Gleiche sein: Roboter wie Menschen benutzen sie, um Dinge damit festzuhalten, und sie sehen auch annähernd gleich aus. Der Marsmensch wird verständnislos die Achseln zucken, wenn Menschen behaupten, Menschenfinger seien echte Finger und Roboterfinger unechte. Für ihn sind sie mehr oder weniger gleich.

Für den Marsmenschen sind auch Menschenwille, Kaninchenwille und Roboterwille ungefähr das Gleiche. Von außen gesehen gibt es da kaum einen Unterschied. Im Grunde genommen sind wir die Einzigen, die behaupten, dass unser Wille etwas Besonderes ist. Wäre ich aber ein Marsmensch, würde ich mich fragen, was das Besondere an diesem Menschenwillen eigentlich sein soll. Ich würde mich fragen, wieso die Menschen glauben, dass ihr Wille etwas so Besonderes ist.

Wenn in der Fernsehwerbung ein bekannter Schauspieler ein Produkt anpreist, fragen wir uns schließlich auch nicht, weshalb dieses Produkt so gut sein soll. Wir fragen uns vielmehr, was den Schauspieler dazu gebracht hat, sich für einen solchen Unsinn zur Verfügung zu stellen. Wir sind wie Schauspieler, die für sich selbst Reklame machen: »Die Einzigen mit dem echten Willen!«, »Warum sich mit weniger Denkkraft begnügen?«, »Mit Bewusstsein!« Doch der objektive Zuschauer vom Mars wird uns das alles nicht abnehmen. Er wird sich höchstens fragen, ob wir es wirklich ernst meinen.

Das tun wir aber! Wir glauben felsenfest daran, dass wir etwas Besonderes haben. Dass unsere geistigen Eigenschaften mehr wert sind als die geistigen Eigenschaften von Kaninchen und Computern. Dass wir etwas ganz Besonderes sind.

> Aber was ist nun das große Rätsel: was dieses Besondere genau ist oder warum wir an so etwas glauben?

Eine Menge Glauben

Es gibt Menschen, die glauben die komischsten Dinge. Manche sind felsenfest überzeugt, Napoleon zu sein, andere glauben, es habe einmal ein Mann gelebt, der Gottes Sohn war und von den Toten auferstanden ist. Ich persönlich halte es für extrem unwahrscheinlich, dass so etwas je passiert ist. Aber ob es nun passiert ist oder nicht, spielt keine Rolle. Jeder soll glauben, was er will. Eines steht jedoch außer Frage: Die Menschen sind imstande, Dinge zu glauben, von denen nicht feststeht – und auch nie feststehen wird –, ob sie wahr sind oder nicht. Der Mensch ist ein leichtgläubiges Wesen.

Und dieser Glaube reicht weit: Er hört nicht bei der bloßen Überzeugung auf. Menschen helfen einander wegen ihres Glaubens, sie erleben ihren Glauben intensiv und schlagen sich dafür die Köpfe ein. Ich komme selten in eine Kirche, aber bei meinem letzten Gottesdienstbesuch war der Pfarrer von seiner eigenen Predigt so tief beeindruckt, dass er weinen musste (es war an Ostern, und die Predigt handelte von der Kreuzigung). Die Tränen rollten ihm über die Wangen, und man konnte sehen, dass er mit jeder Faser glaubte, Jesus sei für ihn am Kreuz gestorben. Doch das Ausmaß des Glaubens sagt natürlich nichts über die Wahrheit dessen, was man glaubt. Man mag noch so sehr glauben – dass Jesus Gottes Sohn war, ist nicht gesichert und wird auch nie gesichert sein. Und so fest manche auch daran geglaubt haben: Die Welt ist am 1. Januar 2000 nicht untergegangen.

Stellen wir uns einmal morgens gleich nach dem Aufstehen vor den Spiegel und wiederholen zehnmal Folgendes: »Elvis lebt!« Immer lauter und lauter. Schlagen wir uns dabei mit den Fäusten auf die Brust und atmen wir tief ein und aus. Dasselbe machen wir vor dem Schlafengehen, und wir behalten diese Übung zwanzig Jahre lang bei. Die Chancen stehen gut, dass wir nach zwanzig Jahren tatsächlich überzeugt sind, dass Elvis lebt – vielleicht auf der Rückseite des Mondes oder auch in Gestalt des Bäckers an der Ecke. Und wenn dann noch Familie, Freunde und Kollegen nachhelfen und uns enthusiastisch bestätigen, dass Elvis lebt, wird die Sache noch überzeugender. (Wer nicht überzeugt ist, je glauben zu können, dass Elvis lebt, der probiere die Übung mal mit »Ich habe im Dunkeln Angst«. Er sollte sich dabei nicht auf die Brust schlagen, sondern sich ganz klein machen und den Satz vor sich hin flüstern. Jede Wette, dass er nach einiger Zeit tatsächlich im Dunkeln Angst hat.)

> Es ist durchaus möglich, dass unser vermeintliches Besonderes nicht viel mehr ist als ein Glaube, ein Glaube an etwas nicht nachweisbares Besonderes.

Aber vielleicht ist das etwas zu wenig durchdacht, und es steckt doch ein Körnchen Wahrheit in unserem Glauben, etwas mysteriöses Besonderes zu haben. In der Geschichte Jesu steckt ja auch ein Körnchen Wahrheit. Doch vermutlich haben wir dieses Besondere dadurch, dass wir so fest daran glauben, maßlos aufgebläht. Was dieses Körnchen Wahrheit genau ist, wird wohl immer ein Rätsel bleiben, weil unklar ist, wann wir mit der Antwort zufrieden sind. Es nützt uns wenig, wenn Wissenschaftler erklären, das Bewusstsein sitze in der linken Gehirnhälfte, in einer Region von der Größe eines Rosenkohlröschens. Und die Vorstellung, dass unser Besonderes eine übernatürliche Seele ist, hilft uns auch nicht weiter. Das Rätsel besteht jedoch höchstwahrscheinlich aus zwei Teilen: Was ist dieses Besondere genau, und wieso denken wir, dass wir es haben? Teil zwei des Rätsel können wir lösen: Wir glauben, dass wir etwas Besonderes haben, weil wir leichtgläubig sind.

»So ein Unsinn«, werden manche sagen, »Natürlich habe ich etwas Besonderes, ich spüre es doch!« Aber das zieht bei mir nicht. Jesus soll mit Sicherheit am Kreuz gestorben sein, weil man es spürt und einem Tränen in die Augen schießen, wenn man die Geschichte von der Kreuzigung hört?

> Wir verstehen uns selbst, indem wir uns vereinfachen, und in unserer Leichtgläubigkeit glauben wir allen Ernstes und spüren ganz deutlich, dass diese Vereinfachung zutrifft.

Die Meinungen gehen auseinander, und viele Wissenschaftler sind auf der Suche nach dem Kern unseres mysteriösen Besonderen. Sie entwickeln die unterschiedlichsten Hypothesen. Vielleicht haben unsere menschlichen Gehirnzellen magische Eigenschaften, von denen wir noch nichts wissen. Vielleicht liegt die Lösung in exotischen physikalischen Theorien. Oder vielleicht sitzt unser Bewusstsein in einem noch unentdeckten Teil unseres Gehirns. Es muss doch einfach etwas Besonderes geben, so scheint man zu denken. Wo wir es doch so deutlich spüren.

Wir glauben ebenso fest daran, wie der Schamane in einem Maori-Dorf daran glaubt, dass er Geister beschwören kann. Er sagt es den anderen im Dorf. Laut und deutlich. Ab und zu hält er eine Séance ab, und alles klatscht Beifall. Das ganze Dorf glaubt, dass der Schamane höhere Gaben hat. Und der Schamane glaubt es selbst. Aber ich glaube nicht so recht an die höheren Gaben des Schamanen. Doch das sage man dem Schamanen mal. Er glaubt es wirklich: Er ist kein Scharlatan.

Wir sind das ganze Dorf. Mitsamt dem Schamanen. Wir klatschen Beifall zu unseren höheren Gaben, und wir glauben wirklich an sie. Aber ich nicht. Und Roboter oder Marsmenschen auch nicht. Für die ist das alles Schwachsinn. Dieses so genannte Bewusstsein der Menschen. Wieso »etwas Besonderes«? Und dann schlagen sie uns den Kopf ab.

Menschensachen

Sind wir selbst Maschinen?

Computer sind ganz anders beschaffen als unser Gehirn. Sie sind fast das Gegenteil davon: ein straff organisiertes, rasend schnelles Rechenwunder gegenüber einem Wust von ein paar Milliarden durcheinander kakelnden Gehirnzellen. Trotz dieses grundlegenden Unterschiedes können Maschinen intelligent sein, sie können lernen und sie können sehen. Genau wie unser Gehirn. Außerdem können Maschinen geistige Eigenschaften wie einen Willen und Emotionen haben, und Maschinen können sich selbst kennen. Sie können sogar leben.

All das können Maschinen nicht deshalb, weil sie uns nachahmen könnten. Sondern weil Wörter wie »Wille«, »Emotionen« und »Denken« praktische Begriffe sind, mit denen wir komplizierte Maschinen beschreiben können. Besonders die vermutlich noch-furchtbar-viel-komplizierteren Maschinen der Zukunft. Und wenn Maschinen wollen, denken und fühlen können, dann haben sie einen Geist. Jedenfalls genauso viel Geist wie wir.

Zudem ist der Maschinengeist genauso echt wie unserer: Echter Geist ist in keiner Weise von falschem Geist zu unterscheiden. Entweder der Maschinengeist ist Schwindel und unserer somit auch, oder unser Geist ist echt und der Geist der Maschine ebenso.

Ich habe natürlich viele unserer geistigen Fähigkeiten links liegen gelassen: Humor, Kreativität und Intuition beispielsweise sind nicht zur Sprache gekommen. Aber mit etwas Denkarbeit könnte man auch sie im Stil dieses Buches lang und breit und interessant erörtern. Gibt es denn gar nichts, worin wir im Vergleich zu den Maschinen unschlagbar sind? Doch. Im Menschsein. Nur ein einziges Wesen kann das wirklich gut, und das sind wir.

Eine bekannte Übung im Schauspielunterricht ist das Darstellen eines Baumes. Manche Schauspieler scheinen das sehr gut zu können. Aber zweifellos nicht so gut, dass man sie jemals mit einem echten Baum verwechseln würde. Und eine Maschine wird auch nie mit einem Menschen verwechselt werden, man wird den Unterschied immer sehen. Maschinen werden uns nie ganz verstehen, so wenig wie wir sie. Es ist ja schon schwierig genug, einen Chinesen zu verstehen oder ein Kaninchen, finde ich. Von Maschinen ganz zu schweigen. Es kann aber durchaus sein, dass Maschinen sich untereinander ganz prima verstehen. Vielleicht werden die Maschinen der Zukunft ihre eigenen Bücher schreiben, ihre eigene Literatur, ihre eigene – für uns unverständliche – Lyrik.

Werden diese Apparate der Zukunft auch ein Bewusstsein haben? Unser mysteriöses Besonderes? Ja. Ich lege meine Hand dafür ins Feuer, dass wir, noch ehe wir das Geheimnis unseres Bewusstseins ergründet haben, bereits eine Maschine mit genau diesem Bewusstsein gebaut haben werden. Die Ersten, die mit dieser Maschine zu tun haben, werden in ihrem Konservativismus dieses Bewusstsein vielleicht nicht erkennen, aber die folgenden Generationen werden es aufgreifen und akzeptieren. So wie sie anderen Menschen ein Bewusstsein zuschreiben, werden sie auch Maschinen ein Bewusstsein zuschreiben.

Wie das? Wir kennen das Rätsel des Bewusstseins nicht, werden aber bald eine Maschine bauen können, die ein Bewusstsein hat? Die Antwort lautet: Dieses Bewusstsein ist keine technische Innovation und kein geheimnisvoller Trick unseres Gehirns, sondern ein Wort, ein Begriff, der bei einem bestimmten Verhalten relevant wird.

Vielleicht werden die Maschinen der Zukunft ihre
eigenen Bücher schreiben, ihre eigene Literatur und
ihre eigene – für uns unverständliche – Lyrik.

Aber was ist dann mit uns? Wenn Maschinen im Prinzip alles
können, was wir auch können, und sogar über unser Besonderes verfügen, sind wir dann auch eine Art Maschinen? So
ist es. Aber ganz andere Maschinen als ein Bagger, eine Kaf-
feemaschine oder ein Supercomputer. Unendlich viel ge-
scheitere und komplexere Maschinen. Unser Körper besteht
aus Billionen von Zellen und unser Gehirn aus zehn Milliarden Zellen. Unser Körper ist unendlich viel komplizierter als
die komplizierteste Maschine, die es gibt. Ob es sinnvoll ist,
das Wort Maschine zu gebrauchen, wenn wir von uns selbst
reden, ist fraglich. Unter Maschinen stellen wir uns in der
Regel eben doch Kaffeemaschinen und Bürocomputer vor.

Eine hochinteressante Frage ist aber, warum wir es nicht mögen, mit Maschinen verglichen zu werden. Weil wir dann Apparate wie Computer oder Drehorgeln sind, die stur und gedankenlos Programme abspulen? Na und? Wenn wir Maschinen sind, dann sind wir so ungeheuer komplizierte Maschinen, dass wir sie nie im Leben verstehen können. Was spielt es dann noch für eine Rolle?

Aber ob wir nun Maschinen sind oder nicht: Wir sind so ziemlich das interessanteste Phänomen, das es auf diesem Planeten gibt. Das einzige Tier, das sprechen kann, das Kunst hervorbringen kann, das seine Führer demokratisch wählt, Krankenhäuser baut, Autos erfindet und an sich selbst glaubt. Nur … wie lange sind wir noch die Einzigen?

Literatur

Hier einige Tipps, obwohl im Buch nicht auf Bücher oder Artikel verwiesen wird:

Austin, James H., *Zen and the Brain*, The MIT Press, 1998.

Brooks, Rodney A., *Menschenmaschinen*, Campus, 2002.

Crane, Tim, *The Mechanical Mind*, Routledge, 2003.

Damasio, Antonio, *Ich fühle, also bin ich*, List, 2000.

Dennett, Daniel D., *Philosophie des menschlichen Bewusstseins*, Hoffmann und Campe, 1994.

Grind, Wim van de, *Natuurlijke Intelligentie*, Nieuwezijds, 1997.

Hermans, Willem Frederik, *Wittgenstein*, De Bezige Bij, 1990.

Hillis, Daniel W., *Computerlogik*, Goldmann, 2001.

Hofstadter, Douglas R., *Gödel, Escher, Bach*, Klett-Cotta, 1999.

Hofstadter, Douglas R., *Einsicht ins Ich*, Klett-Cotta, 2002, 5. Aufl.

Johnson, Steve, *Emergence*, Simon & Schuster, 2001.

Minsky, Marvin, *Metropolis*, Klett-Cotta, 1990.

Sacks, Oliver, *Der Mann, der seine Frau mit einem Hut verwechselte*, Rowohlt, 2003, 23. Aufl.

Searle, John R. *The Mystery of Consciousness*, New York Review of Books, 1997.

Themerson, Stefan, *Die ultraintelligente Maschine*, Fischer, 1997.

Bildnachweis

Spaarnestad Fotoarchief: 13, 19, 36, 46, 55L, 59L, 59R, 75, 126,
   130, 147, 172
ANP/Spaarnestad Fotoarchief: 22, 87
UPI/Spaarnestad Fotoarchief: 31, 67, 164
De Boer/Spaarnestad Fotoarchief: 55R, 136
Weehuizen/Spaarnestad Fotoarchief: 92
Archief Bas Haring: 15, 41, 80, 106, 111, 116, 138, 142, 156, 161